优秀的人

都是
聪明的勤奋者

Juno | Cindy

著

古吴轩出版社

中国·苏州

图书在版编目（CIP）数据

优秀的人，都是聪明的勤奋者 / Cindy, Juno 著. --
苏州：古吴轩出版社，2019.9
ISBN 978-7-5546-1268-2

Ⅰ.①优… Ⅱ.①C… ②J… Ⅲ.①成功心理—青年
读物 Ⅳ.①B848.4-49

中国版本图书馆CIP数据核字 (2018) 第250888号

责任编辑：蒋丽华
实习编辑：闫毓燕
策　　划：刘丽娜　张　政
装帧设计：仙境设计

书　　名：优秀的人，都是聪明的勤奋者
著　　者：Cindy, Juno
出版发行：古吴轩出版社
　　　　　地址：苏州市十梓街458号　　　邮编：215006
　　　　　Http://www.guwuxuancbs.com　　E-mail：gwxcbs@126.com
　　　　　电话：0512-65233679　　　　　传真：0512-65220750
出 版 人：钱经纬
经　　销：新华书店
印　　刷：天津旭非印刷有限公司
开　　本：880×1230　1 / 32
印　　张：8
版　　次：2019年9月第1版　第1次印刷
书　　号：ISBN 978-7-5546-1268-2
定　　价：42.80元

如发现印装质量问题，影响阅读，请与印刷厂联系调换。022-22520876

目 录

第一章
焦虑的人，都急于过“标配”的人生

第二章
最好的升级是系统化进步

第三章
人际关系，创造你的命运共同体

第四章

打破困局，保持终身竞争力

第五章

会做选择题的人，才能拥有"开挂"的人生

第一章　／

焦虑的人，都急于过『标配』的人生

二十几岁的你，真的可以慢一点

·······························

—01—

我今年二十四岁，毕业两年，跳槽一次，每天过着两点一线的生活，从家到公司，从公司到家。在拥挤的地铁里五百米冲刺，在繁忙的公司如勇士般战斗，匆忙地过着每一天。我常常在安静的夜里辗转难眠，自问这样无休止地转动究竟为了什么；无数次想要停下来，在第二天睁开眼的瞬间，却再次陷入死循环。我感觉自己已经陷入了生活的旋涡，永远无法自拔。

我和身边的朋友聊起这种感受，发现他们的心情大都如此。我们希望自己工作顺遂，尽快升职加薪，更早被人说是年轻有为的人；我们拒绝被迫相亲，想要一段自由恋爱来摆脱空虚；在各种社交软件看到别人生活圆满，反观自己却两手空空、一身狼狈。二十几岁的我们似乎都在被一种莫名的焦虑感绑架。

　　曾经以为二十几岁的生活应该是有酒、有肉、有朋友，而现实中的我们却只有压力、焦虑和急躁。于是我们马不停蹄，让自己快一点再快一点，仿佛这样就可以对抗那些纠缠不清的情绪。

　　这是一个一切都在加速运转的时代。我们不仅推崇"出名要趁早"的追求，更推崇"一切要趁早"的态度。大到成功学，小到如何实现从月薪两千到两万的跨越，我们浮躁不安地设置着一个个目标和终点，而事实上，相较于如何实现财务自由，更让我们头疼的问题是如何摆脱财务危机。

　　我们走得太快，而灵魂却被遗忘在来时的路上。偶尔短暂停下的瞬间，似乎早已忘记了出发的理由。年轻的我们站在人生的十字路口，面对眼前的车水马龙，内心一片迷茫。

　　很少有人会告诉我们这样一句话：其实，二十几岁的你，真的可以慢一点。

—02—

　　每天堆积在心里的负面情绪让我们画地为牢，将自己困在一个封闭的生活圈里，你有没有想过，到底是什么让我们无法慢下来？

1.与周围人过多地比较

我们活在一个潜在社交的状态里，不断接受着外在信息，每天拿出手机停留在各种社交媒体的时候，都是在默默关注他人。我们这代人，承受着来自家庭和工作的双重压力，但我们所承受的更多压力却是来自我们身边的"同辈人"。

我们每天在微信朋友圈"晒"着自己的心情，也为别人的状态点赞，暗暗比较自己是否比别人慢了几拍，看着别人的进步呈加速状，自己却还是原地打转，一种从心底油然而生的焦虑感充斥着我们的头脑。就连每天运动的步数，都有了排行榜，我们当然无法慢下来。

2.患得患失的处世态度

"人生之苦在于求而不得"，我们渴求成功，希望自己的努力能够马上有成效，希望自己永远不走弯路，于是我们越发计较付出与收获的产出比。

这种患得患失的心态打乱了我们的步伐，令我们觉得必须做些什么，才能获得安全感。于是我们将精力分散在各种事情上，似乎什么事情都参与了，但事实上却又什么都没做好。想做的事情很多，烂尾的事情更多，患得患失的结果在更多时候是一无所获。

3.消极悲观的反刍思考

所谓 "反刍思考" 指的是带着负面的态度去思考已经发生的事情。曾经的你因为疏忽而犯下了错误，造成了无法挽回的结果。在事情结束后的很长一段时间里，你依然无法摆脱这件事情的阴影，不断地假设与回望。

在这个时候，我们十分想去弥补之前的遗憾，而在这样的情绪中，我们往往会犯下更多的错误，如此往复，陷入一种 "无法放过自己" 的死循环中。

4.习惯性的拖延症作祟

在如今，拖延症几乎是一种人人都有的时代病。生活节奏越快，我们越喜欢拖延。我们总想偷个懒，劝自己不用急，直到截止时间来临。拖延的后果是手忙脚乱地敷衍，完成欠下的工作，但每一件事都没做好。

拖延的习惯，让我们丧失了做一件事的真正意义，我们总是想着 "不如明天再做吧"，结果是，所有事情堆积到了一起，忙碌只是无意义的消耗。你看似走得很快，实际上仍在原地，并没有真正地前进一步。

—03—

我一直很喜欢"厚积薄发"这个词，我们所谓的"慢一点"，不是不努力，不进步，不想成长，而是走出的每一步都要稳扎稳打。那么，我们该怎么放慢自己的脚步呢？

1.拒绝无意义的比较

比较本身并不是错误，甚至还是一种可以让我们从不同角度认识自己的方式，但无意义的比较却给我们带来了许多额外的压力。我们都觉得"同辈压力"让人十分抗拒，这就如同上学时家长口中的"别人家的孩子"，总是让人莫名地压抑与反感。

作为一个独立的个体，每个人都应该受到尊重。尊重个体的差异化，不去盲目地比较，才是有意义的竞争。更何况，这种比较对我们来说，也并没有产生什么积极作用，我们当然应该拒绝这种无意义的比较。

2.给自己一个间隔期

一个人在同一个环境中生活得太久，就容易限制自己的眼光。很多人都期望每年有一段时间，可以暂时逃离眼前的工作和城市，整个人彻底放空，让脆弱的神经和处于亚健康状态的身体得以修复。

很多年轻人，刚毕业的那几年根本不知道自己喜欢什么，究竟要做什么。他们不断地换工作，承受着理想与现实的落差，热情被渐渐磨灭。与其这样，不如选择给自己一个间隔期，当你真正放下一切的时候，你真正想要的才会出现。

3.尝试积极的归因方式

管理情绪对每个人都很重要，面对曾经留下的无法弥补的遗憾，我们要尝试全面看待这件事情，不要仅仅纠结在沮丧和懊悔的情绪中。

积极的归因方式，能够让你看到自己的长处和不足，而后扬长补短。消极的反刍思考，只会让你的自信不断流失，使你花费更多的力气去对抗坏情绪。

4.自律

如果我们能够按照时间安排完成每一项任务，就会发现，那种被截止时间追在身后跑的感觉再也不存在了。不仅如此，你还可以享受更多有效时间。自律给我们更多自由，其实并非我们的步伐变慢了，而是我们不再"瞎忙"了。

—04—

最近有一段文字治愈了很多人："身边有些人看似走在你前

面，也有人看似走在你后面，但其实每个人在自己的时区有自己的步程。不用嫉妒或嘲笑他们，他们都在自己的时区里，你也是。生命就是等待正确的行动时机，所以，放轻松。你没有落后，你没有领先，在命运为你安排的属于自己的时区里，一切都准时。"

　　所以，二十几岁的你，真的可以慢一点。那些属于你的一切奖赏，都在未来的某个时刻等着你，你要做的，只是脚踏实地地走好眼下的每一步，去遇见和收获它。

为什么你无法在爱好和工作间找到平衡？

也许，即将毕业的你正在纠结，职业方向的选择到底应不应该考虑自己的爱好，如果自己对工作内容都感到乏味，那么以后的人生要如何在煎熬中度过。

也许，一直循规蹈矩的你正在苦恼，一眼就能望到尽头的职业生涯只是不断重复的机械劳动，你无法在自己真正感兴趣且擅长的事情上找到突破，人生不过是毫无意义的死循环。

也许，大胆挑战将爱好变为工作的你，此时却正在面临一个尴尬的困境，曾经令你自信满满的领域却突然变得那么陌生，似乎拿出所有的热情都无法改变这个残酷的现状。

人们常说，理想很丰满，现实很骨感，爱好和工作之间根本不可能画上等号，当你把爱好变为你的工作后，会让你丧失掉自己的乐趣。难道我们真的就只能放弃爱好，继续从事着自己并不感兴趣的工作吗？

其实，不是爱好和工作根本无法共存，而是你还没有在它们之间找到平衡。

你肯定听说过，在事业上比较成功的人总是跟别人讲，做自己喜欢的事情，再辛苦也不觉得累；你肯定也不止一次看到，越来越多的年轻人，将自己的小众爱好成功发展为职业。

你觉得羡慕不已，于是摩拳擦掌跃跃欲试，却不想，在别人那里看似顺风顺水的事情，到了你这里却变得十分艰难。面试接连失败，简历都石沉大海，入行以后却发现理想和现实的落差巨大，最后你不由得开始怀疑自己的能力。

面对眼前的窘境，你有没有想过，为什么你无法在爱好和工作中找到平衡？

1.你所谓的爱好并非你真正的爱好

你可能是刚毕业不久，来到大城市打拼的年轻人，在工作和生活的双重压力之下，你唯一的娱乐活动就是看电影。有钱、有时间，便买一张电影票，钻进离家最近的电影院；没钱、没时间，索性直接在电脑上下载一部最新的豆瓣高分影片。不久之后，你觉得自己对电影的兴趣与日俱增，跟朋友聊起天来也俨然一副发烧友的姿态。此时，你恰巧看到影视行业的招聘信息，于是就带着一腔热血，投出了一封封简历。

仔细想想，你似乎从来没有真正思考过，研究电影究竟是你的个人爱好还是你的放松方式，你喜欢的可能只是看电影而非从事电影行业。一部电影120分钟的时间，让你高压力、快节奏的生活有了短暂喘息的机会，也帮助你跳脱出了庸常的人生。于是你便产生了这样的错觉：如果我的工作和电影有关，那么每天的生活不就会变得轻松很多了？但事实上，这只是你工作之余的消遣时光，与实际的电影行业的工作相差很远。

2.你的爱好没有办法帮你获取收入

爱好是你乐于花费时间和精力不断学习钻研的事情，而工作或职业则需要专业的技能，是你赖以谋生的事情，你当然可以将二者合而为一，但前提是，你在爱好方面的能力必须要达到某个岗位的职业能力要求，简单地说，也就是你能够通过做自己喜欢的事情赚钱。如果你只是大胆且一味执拗地追求着爱好，而丝毫不考虑它作为职业的可行性，那么这种行为其实也只是你的"自嗨"。

3.你的爱好缺乏上升为职业的渠道

很多即将毕业或是想要跳槽的人正在苦恼，他们清楚自己的爱好，也做好了将它发展为职业的准备，但家人和朋友都没有这方面的经验与渠道，以至于自己不知该从何做起。毋庸置疑，当你想要进入一个全新的行业时，迈出第一步是至关重要的。

这个世界上真正天赋异禀的人实在太少，大部分执行力很好的人都是最先找到了一个合适的机会，也就是我们所说的进入某个领域的"渠道"。如果你不能找到这个"渠道"，那么你的爱好也只能是爱好罢了。

在自己的爱好和工作之间找到平衡，不仅可以让你在更擅长的领域发挥能力，也会让你更积极地去解决遇到的诸多困难。那么针对上面的三个问题，我们到底要怎么做才能找到爱好和职业的平衡呢？

1.找到自己真正感兴趣且擅长的爱好

找到自己真正的爱好并不难，一个人真正感兴趣的事情，就是他愿意花费更多的时间和精力，去不断学习、思考和实践的事情。一个人的爱好，也是他比其他人更擅长的领域。

拿电影来举例，想要分清楚自己到底是喜欢看电影还是想要做电影，可以看看自己的关注点是什么。喜欢看电影的人，更享受观看影片的过程，以及整个故事带给自己的感受。而真正想要做电影的人，往往会研究电影制作和拍摄方面的事情，在看电影的过程中，也会反复分析一部片子的剧作结构、拍摄手法、表演处理，甚至还会思考这部电影的缺点是什么，如果自己来处理，有什么办法可以解决。

2. 将对爱好的擅长提升转化为职业的技能

人们都愿意在自己更感兴趣的领域多花时间，但是，如果只是埋头享受自己面前的事情，是远远不够的。为了提升这方面的职业技能，你可以多关注这个领域，观察领域内最近又发生了什么事情，出台了什么政策，有哪些新的作品出现等，从这些方面入手，这样连续不断地积累信息，对于一个人来说是非常重要的。它不仅能够让你快速了解当前行业的现状，也可以让你找到自己应该努力的方向。

更重要的是，在自己想要发展的领域不断学习。学习的方法有很多，通过看相关专业书籍，在线下或者线上找到一些合适的课程，或者找到相关的职位，让自己快速提升，这都是可取的办法。只要在自己喜欢的事情上拥有专业能力，并且能够掌握这个职位要求的综合素质，相信会有你真正喜欢的工作单位向你发出邀请。

3. 了解爱好所指向的行业进入渠道

当你进入了符合自己爱好的行业后，下一步你需要做的是找到这个行业内不同岗位的区分方法，以及每种岗位的发展晋升渠道。每一个岗位都指向了一种不同的工作内容，我们要根据自身条件选择合适的岗位，如果没有相关经验，我们可以从入门级的职位做起，不断学习和提升，积累相关经验。当你对手头的工作驾轻就熟时，你也就完成了入门。

大公司总是优先考虑内推，你根据自身的情况难以争取到机会。如果你面临这样的问题，可以先选择一个同行业的类似岗位，先入行，学习和磨练自己，等待合适的机会再跳槽，希望会更大。

希望你能够在自己喜欢的跑道上一路狂奔，也希望你能够一直保持着初心，在自己最热爱的领域，做自己最擅长的事。最后希望我们都能站在自己曾经幻想的美好未来里。

毕业之后，这个经历彻底改变了我自己

还有两天，我参加工作就满两年了。

两年前，我是个考研失败，对未来毫无把握的应届毕业生。在我收拾好行李从宿舍走出来的那一瞬间，我突然觉得自己像是被推进了暗潮涌动的大海。

父母希望我回家，但我却觉得自己并不适合公务员或事业单位那种稳定的工作。或者说，对二十二岁的我而言，放弃自己的爱好其实是件更加残忍的事情。

我想了又想，终于坚定地走到家人面前告诉他们，我想从事电影行业。

我说，如果我努力了却失败了，那我毫无怨言。我愿意接受其他的安排，但我不能不去尝试。

从小到大，我几乎从来没有争取过什么东西，在幼儿园时我总是被别的小朋友欺负的那个，大家排队滑滑梯，被人插队却连告状都不敢的我只能独自在角落"暴风哭泣"。

初中时，我在一个大家成绩都很好的重点班念书，每次老师提问，我也只会默默低下头。

但这次，我却像是想要抓住最后一根救命稻草般地尝试着所有机会，海投简历，等待回复。

然而让我崩溃的是，唯一肯给我面试机会的影视公司，给出的工作岗位却是与影视并无关联的行政助理。

于是我抱着影视公司一日游的心态马上买了第二天的火车票赶去面试。七月的午后，气喘吁吁的我仿佛是一只被汗弄湿了的京巴，狼狈地坐在了会议室里，坐在行政主管的面前。

那场面试的最后一个问题是，我为什么想要做行政助理的工作。我犹豫了一下，决定坦诚以对，因为我想做电影，而我在行政助理的岗位，将来有转岗的机会。

面对我的直接回答，行政主管也同样坦诚地拒绝了我，但是，她觉得让远道而来的我这样白跑一趟实在有些过意不去，于是找到了正在吃午饭的影视开发总监，帮我争取到了二十分钟的时间。

在那二十分钟的时间里，我几乎搞砸了他问我的绝大部分问题，但我却很坚定地向他表达着我真的很想从事电影行业这件事。最终，他决定再给我一次机会。

在这之后，我又继续进行了两轮面试，第二次面试结束的时候，总监告诉我："首先你没有专业背景，其次你没有行业经验，再次你没有业界资源，在这样的情况下，你想入行做影视，真的太难了。"那一瞬间，我承认我真的是整个人"丧"到不行，一种从心底油然而生的挫败感将我淹没。

那个时候我也犹豫过，是不是自己真的应该放弃这件事情。但一想到，没有尽全力争取过机会，这一定会成为将来后悔的理由。于是，我每天都向人事部门询问结果，半个月以后，我拿到了第三轮面试的题目——需要在两天的时间内，写出一份故事大纲。

说实话，那个时候的我根本不会写什么故事大纲，我所能做的不过是按照自己的想法编了一个故事，然后开始疯狂地打字。那个周末，我除了吃饭睡觉就一直坐在电脑前不停地打字，最后赶在截止时间前发送了邮件。

那份极其不专业的故事大纲我一共写了两万多字，而真正的故事大纲只要三五千字就够了。可就是那份充满问题的，字数几乎可以接近一部电影剧本的 Word 文档，帮我获得了这个改变我日后生活轨迹的机会。

一个月后，当我接到通知入职的电话时，我站在人来人往的街头，整个人血液上涌，眼泪夺眶而出。那是一种我从来没有经历和体验过的幸福感，这种幸福感时至今日我仍然记得。

也是在那天，我突然相信了一件事情，只要你肯用尽全力去争取，即使你现在只有一手烂牌，也终将有翻盘的机会。

在后来的两年里，我不断践行着这件事情，想要得到什么，就用尽全力去争取什么，即便结果失败了，我也始终努力着去尝试，去靠近。

毕业后，离开曾经庇护我们的校园，每个人都不断试探着外面成人世界的运行规则，我承认那些黑暗角落的存在，但同样也坚信这里有阳光和星空。

我的好朋友曾经对我说过这样一句话："宿命自有它严谨而隐秘的强大逻辑推动，人生没有意外。"如今你的境况不过是曾经的你造就的结果，所以，只有你努力去表达，努力去争取，那些看似全凭好运的机会才会降临在你的身上。

还有两天，我就工作满两年了。

现在的我已经不在第一家公司上班，但凭着那股冲劲，我获得了更好的机会。我看着上大学时喜欢看的电影片尾字幕上出现的名字，如今变成会议室里一张张鲜活的面孔；电影结束后，片尾字幕里也出现了我的名字，我知道其实这个看似残酷的城市，也有属于我的童话。

我们每天在编剧会上，不停地构思一个又一个别人的人生，如果能为自己写一份人物小传的话，我希望自己永远是一副"中二"又热血的面孔。

无论什么时候都积极面对生活的人，真的很酷。

你不是过得单调，你只是没有爱好

···

—01—

前些天听到朋友在抱怨，他每天早出晚归，披星戴月，回到家真想倒头就睡，连洗脸刷牙都是极大的负担。"北京这么大，我却生活在一个极其狭窄的圈子里，这跟留在三四线城市又有什么区别？"

听完他的抱怨，我也开始反思，并努力改变这种单调的生活。

朋友说他其实无比羡慕那些留在家乡的人，每逢周末他们都可以陪在家人身旁，在微信朋友圈里"晒"着悠闲又自在的生活。暂且不管人家是不是真的快乐，至少他们还可以走出家门扔掉烦恼，到自己熟悉的户外享受另一种自在。而留在大城市的我们呢，在陌生的城市里孤独地翻着手机，无论白天还是黑夜都在看视频，只有网络才是我们最好的陪伴。

最后他总结出一句话："别人的生活都很有意思，只有我的如此单调，也许是因为北京太大了，我不适合生活在这儿，真想换个城市啊。"

一个人的生活是无聊还是有趣全凭自己的选择，你是有趣的人，生活必然不会是一潭死水，你的精神世界的空虚才是生活无趣的根源。想要拥有令自己满意的生活，你只有改变自己的心态。

—02—

朋友A刚到这个城市不久就认识了许多新朋友，在微信朋友圈"晒"遍帝都美食，更让人嫉妒的是，照片里的食物是我们平时只能在热门微博里才见到的。朋友B每天一下班就往电影院跑，对正在上映的电影如数家珍，说起电影，堪比行家。

你不知道的是，A的人生理想就是要做京城第一吃货，只要发现哪儿有新鲜菜品，她就立刻带着一帮朋友"杀"过去，吃个"片甲不留"。久而久之，她的同学、朋友、同事只要吃饭，就去问她，她成了朋友圈里的美食达人。

朋友B则对电影情有独钟，从国外的经典大片到国内的小众电影，他场场不落地看了一遍。每看完一部，他就在豆瓣上写一篇影评。通过这种方式，B渐渐认识了很多电影同好，加入了电影爱好者的组织。而他们的生活，也因此变得更加充实，更加有意思了。

—03—

三月份我到上海去实习，在陆家嘴附近的一家青旅住下，同屋住的是特别男孩子气的马克。那时候我刚开始学习做咖啡，而马克已经做了七年，我们俩因为咖啡一拍即合，相谈甚欢。

熟悉之后我才知道，原来她的职业和咖啡完全没有关系。她大学本科学的是修理飞机，毕业后去广州做了一名自由摄影师，后来她唯一的亲人离世了，了无牵挂的她又孤身一人来到上海，开始在一家广告公司做摄影。在这七年里，做咖啡是唯一令她感到温暖，让她对生活充满希望的事。一直陪伴着她温暖着她的，是她不变的爱好。

每到周末，马克就一个人骑着单车去街拍，随手拍拍道旁的花草，喂喂躲在墙角的流浪猫，然后在各种隐蔽的小咖啡馆里为自己做一杯咖啡。

她喜欢牛奶，所以总是喝加牛奶的咖啡，比如拿铁。她的包里总带着一本书，人少时她便安静地读书，人多了就和周围的陌生人聊聊各自的生活。

那段日子她常带我去展会，看各种咖啡高手的比赛，他们娴熟的拉花技巧经常让我目瞪口呆。

马克说，她刚到上海时只有一个人，是咖啡让她有了自己的交际圈，也正是因为遇到那些人，她才有机会跨进了广告圈，这个她从前并不熟悉的行业。

磨豆机和手冲壶平时就放在她床边，到了初夏，她就给我做她独创的奶香冰咖啡。这些情景我至今还记得。

九月的南方桂花香飘四溢，大家都在微信朋友圈里"晒"着桂花，马克很忙碌，她在下班的路上拾些干净的桂花花瓣，零零散散地洒在磨好的咖啡粉上，做出一壶有着淡淡香气的桂花手冲。彼时我已经离开了上海，看到她发给我的这些照片，真心羡慕得要命。有了咖啡，她在平淡的生活里自得其乐。

别人总说上海太大，节奏太快，却依然有人能过出自己的情调，把日子打理得温暖随性。

—04—

大学好友，毕业后就回了家乡，在报社做着一份朝九晚五、轻松又舒适的工作。刚开始，她常常抱怨，说自己每天过得不够充实，打算把大学时一直想学的东西都学了。

不久，她就开始了行动，周末的一半时间都被她用来学习素描和尤克里里，之后，她就很少抱怨空虚无聊了。

前些日子她在微信朋友圈"晒"了一段小视频，内容是她和一起学琴的朋友们边弹尤克里里边唱《奇妙能力歌》，下面的留言都是称赞她变漂亮了。人还是当初的那个人，不过认真弹琴唱歌的她眼里好像有一汪清澈的湖水。

在上海和我一起实习的姑娘，从小就喜欢东方神起，工作以后有了自己的积蓄，便下定决心把每个月的工资的一部分拿去学韩语。每个周末，大家还睡得昏天黑地的时候，她就已经在兴趣班里认真地跟老师学习着韩语单词了。忙完一天的工作后，她还要在家里完成韩语作业，如今她正在准备明年四月的韩语等级考试。当她有一天终于能和韩国朋友谈天说地的时候，大家肯定又要羡慕不已地说她过得很幸福了。

你看，生活是否单调，真的与城市无关。

很多时候不是生活单调，只是你没有爱好。

当你真正培养起一种让你感兴趣并愿意长期发展的爱好时，

你会发现，不仅是生活不再单调了，整个世界似乎都变得更美好了。你不再纠结于鸡毛蒜皮的小事，也不再有事没事就翻开通讯录向朋友抱怨。当你努力工作，在工作中收获满满，下班后又拥有属于自己的小天地时，你就更不需要再去羡慕旁人了，因为你的生活已经过得足够充实、有趣。

同样是生活，有的人能让平凡的日子开出花来，有的人却把年轻的时光变得寡淡。一件你喜欢并愿意为之付出的事情，会给你点石成金的超能力。

从现在开始，请试着培养一种爱好，相信我，它会让你和你的生活变得更加美好。

你这么努力，就是为了活得更有底气

··

—01—

这两个月公司的工作突然变少了，少到我变得异常焦虑。我跟别人说我的困扰，大家都觉得我是在炫耀，别人忙得连喘息的时间都没有，我天天修身养性却还不乐意。

最终，不愿闲下来的我给自己找了些事情做，我在手机里下载了一个背单词软件，在每天上班搭乘地铁的那一小时里，用背诵120个考研单词取代反复刷新微信朋友圈。

因为现在的工作并非符合我大学时所学的专业，所以我在工作中也遇到了很多问题，趁着这段时间工作不忙，我开始大量阅读和工作相关的专业书籍。一个星期以后，我渐渐变得没有那么焦虑了。

在我不断努力的时候，我也遇到过来自陌生人的不屑。我摇摇晃晃地站在地铁里背单词的时候，有人在我背后说：这能记住什么，努力给谁看啊？

—02—

这个时候，我突然想起了那些"忙成狗"的朋友们。"酱C小姐"是我的大学同学，她曾经梦想成为一名律师，然而努力了一年，"酱C小姐"的司法考试成绩依然不合格，法律梦破灭的她独自来到北京。"二次元萌神""网感少女""动漫界大队长"等都是她响当当的名号，再加上机会眷顾，她被自己梦寐以求的公司录用了，在那里做运营。

前不久我们见了一面，她脸色憔悴，面容消瘦。曾经的她不看完热门微博就浑身难受，如今她却为了把话题送上热门忙得焦头烂额；深夜里室友早已入眠，她却在客厅一个人对着电脑敲敲打打；好不容易抽出时间和我吃饭，她却在吃饭的间隙里不断看微信群里的工作指示。她用通红的眼睛对我说，太累了，撑不住了。

她说自己到北京以后，为了宣传新片三天三夜没怎么合眼，只想周五下班回家睡个好觉，可是回到家却因为琐碎的小事和室友争吵，吵到精疲力尽的时候突然接到上司的电话，上司问她整理的数据资料怎么还没发邮件，那一刻她真的很绝望。

说完这些，我们面面相觑。在毕业后的大半年时间里，我们每天一大清早挤上地铁，紧接着来个五百米冲刺，之后开始一整天令人头昏脑涨、忙得鸡飞狗跳的工作，有时"血槽"已空却还要加班到深夜。

明明有更加轻松的选择，但我们却这么努力，到底是为了什么？

—03—

大学时我遇到的最有正能量的人，是我的一个学长，他毕业那年我入校读大一，我大三开始准备考研时他回到母校开英语辅导班。后来我才知道，原来我们交的那点学费，其实还不够他飞个来回的机票钱，他只是希望我们也能和他一样，在毕业后走出一片更广阔的天地。

学长没什么特别的地方，就是一个普通二本院校音乐专业的学生。在大三时，学长班里的同学有的等着家里帮忙找实习，有的浑浑噩噩享受着最后的大学时光，而他，给自己定下了考上中央音乐学院研究生的目标。据说系主任听了他的这个目标，眼睛都不眨就对他说，要是他能考上中央音乐学院，全学院的人都能考上。

即便遭到了所有人的反对，学长也不肯服输，没有丝毫的犹豫，开始了漫长的考研之路。他每天早上六点起床，一个人去教室看书，上午复习专业课，下午学习英语和政治，晚上练钢琴，宿舍熄灯以后还要跑到水房借着微光背完两篇考研英语作文才肯睡觉。从春天到冬天，不夸张地讲，他没有一天懈怠。

听别人说，考研那年他就像着了魔一样，在校园里看到认识的人，就让人家随便翻一页书考他枯燥的音乐史大事件或其他专业概念。他说自己每天睁开眼睛的第一件事就是张口背出一篇历年英语满分作文。他的钢琴老师到现在都记得，他当年练琴练到手指流血，忍住眼泪默默地把受伤的手指包扎起来继续练习的场景。

那年他考的专业全国只收一名研究生，没错，考中的那个人就是他。如今他正在中央音乐学院攻读博士学位，然后和读研时相爱的女朋友结婚成家，两个人为各自的事业埋头苦干，年纪轻轻就已经把日子过得风生水起了。

我现在还记得他当年告诉我的一句话——要想创造奇迹，就要付出奇迹般的努力。他曾经因为自己的本科学校不好而自卑，因为听不懂知名教授的课而懊恼，就连走在北京的街头都暗自心虚。但在考研的那一年，他顶着非议拼尽一切去努力，让他在收获了理想成绩的同时也变得更加自信。

你不必在意他人对你努力的非议和嘲讽，因为你的努力并不会改变别人的生活。那些一点一滴的积累，那些奋不顾身的拼搏，最终会变成从天而降的好运，出现在你人生的下一个路口，只有自信的你才能轻松地抓住。

—04—

同样创造着奇迹的还有"肥哥"。"肥哥"虽然叫"哥"，却是个女孩子，一头利落的短发再加上俊俏的容貌，让她颇有几分微胖版李宇春的架势。"肥哥"从小由奶奶带大，当我们还在父母的怀抱里撒娇的时候，她已经学会了什么叫独立。"肥哥"曾寄人篱下，看人眼色，她受过的苦绝非短短几句就可以带过。

三月份考研成绩出来的时候，我正在实习，有一天我突然接到了"肥哥"的电话，她说自己过了分数线，但是家里的人却不希望她继续读书，甚至连去北京的路费都不肯给她。

电话里"肥哥"的语气无奈又辛酸，而此时离复试已经没有多少时间了。我和在北京读博的老师讲起了这件事，老师二话没说，把钱给"肥哥"打了过去。初夏的时候，"肥哥"终于收到了属于她的录取通知书。

九月开学"肥哥"来到了北京，我几次约她，她都说没时间。后来我才知道，每个周末她都要做兼职赚钱，毕竟当时她还欠着老师的钱。"肥哥"或是做打字员，帮别人录信息；或是做淘宝客服，接听顾客的投诉电话。她就这样被生活追赶着，努力地完成着自己的目标。面对这一切，她毫无怨言，还常常笑着说自己很幸福。当她说起某位老师讲课很有趣的时候，我觉得眼前的她变得更加自信了。

当你挥洒汗水用自己的双手赚钱，带自己去更好的地方见到更好的人时；当你想尽一切办法改变现状，努力向前再进一步时，你的内心一定无比踏实，因为你正在不断接近你想要的生活。

—05—

我总觉得自己特别幸运，因为我总能遇到让我想要变得更好的人。

"酱C小姐"还是坚持了下来，也许她曾很多次打开12306（中国铁路客户服务中心）的页面，想要买一张回家的火车票，但她最终也没有按下鼠标。她一想到自己真正的理想就这么轻易被放弃，心里终归还是不甘愿。

抛去那些忙碌的工作和烦恼，"酱C小姐"看到自己的未来正在一点一点变得更加清晰。我知道她终有一天会带着笑容出现在我面前，走过迷茫，她将变得更加自信，更加美好。

刚刚毕业的我们也许都一样，没有工作经验，没有显赫家世，独自来到陌生的大城市。有人工作不顺频频跳槽，有人不停搬家将郊区住了个遍，有人为了工作垂死挣扎，有人生病时甚至只能给自己倒一杯热水。

但我们仍然坚持着，因为我们心里始终都相信，跨过这艰难的千山万水，终有一天我们会迎来属于自己的柳暗花明。

电影《我的少女时代》里少女林真心曾经说过，只有我们能决定自己的样子。

在人生前期越嫌麻烦，越懒得学，就越有可能错过让你心动的人和事。你要去做那些应该做的事情，只有这样，当机会出现时，你才能漂亮地接住。

如果有人质疑你的努力，没关系，你可以在心里对自己说一句：我这么努力，就是为了活得更有底气。

说实话，从小到大你究竟"烂尾"了多少事？

你是不是也有过类似的经历，觉得弹吉他潇洒又帅气，学了一阵子却因为手指太疼而慢慢放弃；看完"鸡汤文"后下定决心要利用下班时间掌握一门外语，但学日语时学习到五十音就因为枯燥乏味而不了了之；看到别人公众号运营得如火如荼，忍不住手痒自己也开了一个，然而只更新了几篇文章就把它丢在一旁……仔细审视一下，从小到大你究竟"烂尾"了多少事？

不管是学习还是工作，你总是在开始的时候斗志昂扬、信心满满，然而过不了多久就会因为各种原因半途而废。我们总以为"三分钟热度"是在说别人，事实上这个词语却在自己的身上多次印证。没有人希望自己被人贴上"半途而废"的标签，但你思考过到底是什么原因让自己总是"烂尾"吗？

1.行为动机不足

一般来说，人的行为可以分为两种：一种是为了得到心理安慰，缓解焦虑情绪而做出的行为；另一种则是为了达到特定目标，取得明确结果而产生的行为。

我们在进行第一种行为的时候，往往出于冲动而非深思熟虑。你看到别人弹吉他时光芒四射，因而渴望掌握这种技能，以此获得优越感，你并不清楚自己究竟是喜欢学习吉他，还是仅仅想要享受别人的羡慕眼光。

因为工作不顺心导致你对自己的事业发展产生了焦虑感，为了让自己能够从这种状态中解脱出来，你决定在下班后找些别的事情做，于是你开始学习第二外语。当你的工作进入正轨，驱使你学习外语的焦虑感得到缓解，你就不再需要从学习外语中找寻心理安慰，自然就会将事情本身抛之脑后。

相对于为了获取"不真实"的安全感的第一种行为，第二种行为是为了完成某个"真实"的目标。它有明确的目标导向，能够让你主动地面对过程中的痛苦，并不断战胜困难向前进步。如果你总是用第一种行为来处理事情，很可能这就是你习惯性"烂尾"的主要原因。

2.缺乏可量化的目标和可执行的计划

如果你设置的目标难度过高，譬如一个月内学会指弹，你往往会因为达不到目标倍受挫败，从而放弃整个行动。

很多人在设定目标时只树立了一个模糊的方向，并没有安排具体的操作步骤，比如你打算学习日语，但对于如何积累单词、学习语法、训练口语都没有做出具体的计划，当你开始学习后，因为对学习进度没有清晰的了解，很难获得成就感。久而久之，热情被全部耗尽，任谁都会想要放弃。

3.意志力的有限性

人的意志力就像是手机的电量，每坚持一件事就会消耗一部分电量，电量耗尽时就是自控力最差的时候，这就是为什么很多减肥的人到了晚上就会控制不住暴饮暴食。

还有些人设定的目标太多，既想得到这个，又想得到那个。这种做法不仅会使你的精力分散，没有办法沉下心来专注于一件事，还会将你的意志力过度消耗，使你在完成重要的事情时没有足够的意志力作为驱动，令你很难坚持下去。

4.缺少正面反馈

也许你还记得，上学时你之所以爱学英语，是因为你英语考试得了满分时受到了老师的表扬。一个人之所以能坚持下去是因为自己的努力得到了正面反馈和奖励，这些会坚定一个人的信念，使自己认为"这条路是对的"。

闷头自学的人容易被学习的枯燥打败，比如，你正在学习韩语，如果你在学习的过程中找一些韩剧或综艺节目看，会发现自己竟然可以听懂简单的单词和句子。你顿时就会产生学韩语的成就感和自信心，并且会在潜意识中告诉自己，如果坚持学下去，就可以和韩国人无障碍地交流。这种正面反馈，往往会像"打鸡血"一般给你坚持下去的动力。

5."自我服务偏见"

"自我服务偏见"主要是指，人们总是从好的方面看待自己，当你取得成就时，往往将成功的要素归因于自己；面对失败却怨天尤人，将失败归因于外部因素，这本身就是一种归因偏见。

因为"自我服务偏见"作祟，我们在生活中常常听到这样的话，"最近工作太忙，总加班，累得根本没精力再去健身""地铁里人太多、太吵，害我不能专心背单词""剑道课啊，太贵了，我不打算再学了"……很多人都会在事情发展得不顺利或是事情失败时将原因归结为外部因素，却很少反思自己。

那么，我们要如何避免"烂尾"呢？

1.想清楚为什么做比怎么做更重要

当你制订好了目标，在真正开始行动前，最重要的是要弄清楚自己为什么而做。在你将要半途而废的时候，"为何而做"会形成一种约束力，暗示你一旦放弃就会背离自己最初的梦想，并且会影响你的生活。

想清楚为什么而做，也会在最开始的时候帮助你过滤掉那些"突发奇想"和"一时兴起"，使你找到真正的需求。

2.设置明确的整体目标导向以及分阶段的目标要求

在决定做一件事情前，要仔细思考，设立明确的目标。假如你想在上班之余学习一门小语种，那你应该将终极目标设定为通过该语言等级考试。明确了目标后，分阶段的目标也会清晰地展现出来。确定了目标，你会明白自己需要每周学习多少课程的内容，甚至可以精确到每天要积累多少单词。根据目标按部就班地完成每一件事，并且及时打卡，这样不仅会使你清楚自己的进度，同时也可以让自己更有动力。

3. 一次只坚持一两件事

很多人觉得自己意志力天生就差，做事总是"三分钟热度"。

其实意志力是可以在后天培养的，比如长跑可以很好地锻炼我们的意志力。每个人的意志力都是有限的，要避免意志力分散导致每件事都做不好。与此同时你还要尽可能地提升自身的抗干扰能力，并且明确和简化自己要完成的目标，把有限的精力合理分配到你所专注的事情上，这是避免"烂尾"的重要一步。

4.每达成一个小目标就奖励一下自己

为了让自己感受到每段时间的进步，你可以每完成一个目标就适当给自己一些奖励。比如送给自己一个想要的礼物，或约朋友去"种草"很久的餐厅享受美食。这些奖励能让你感受到努力的快乐，同时也会给你继续坚持下去的动力。

如果你的生活里装满了"烂尾"的事情，那么你注定会错过很多令你动心的人和风景。真正拥有满意的人生的人，不是每战必胜收获无数的成功，而是从不曾因为自己的放弃而满心悔恨。

为什么一到周末你就害怕看手机？

每逢周末，你是不是只想睡个懒觉，好好放松一下？你不愿再想工作上的事情，希望自己能够从紧张忙碌的状态中解放出来。

然而，这个小小的愿望总会被打破，有时老板在工作群里提醒你，分享一些"鸡汤"文章，你不得不冥思苦想如何恰当地回复，等老板满足了自己的分享欲之后，你才敢放松下来。

晚上11点，上司还要打电话交代工作任务，而这些事情并不紧急，完全可以上班以后再来讨论。

你不情不愿地牺牲着自己的私人时间，发誓这是最后一次。然而你却发现，加班这件事会一而再，再而三地发生，并且还有愈演愈烈的趋势，日子久了，你也就习惯了。

你没有辞职的勇气，就只能安慰着自己，这就是工作，这就是敬业，这就是奋斗的青春。

为什么我们的私人时间总会被工作侵占？为什么拥有一个完整的周末如此困难？为什么加班成了我们生活的常态？

—01—

社会规范下，加班成为一种常态。

"你的工作做完了？那你可以把明天的工作提前做了嘛。"

近年来，很多文章都在鼓吹加班和奋斗的好，人们越是拼命越是骄傲，似乎只有忙到没有家庭和生活才算真的敬业。

小加班怡情，大加班怡薪。

每到下班的时间，你环顾四周，没有一个人要走，同事们纷纷拿出手机叫外卖，大有加班到深夜的趋势。你的上司还在办公，你的同事还在"吭哧吭哧"地工作，你好意思准点下班吗？

什么，你的工作已经做完了？那你可以把明天的工作提前做了嘛。

什么，明天的工作也做完了？那你可以刷刷微博、微信朋友圈，假装加班啊，说不定坐你旁边的同事也在磨洋工，你的上司都还没走，你敢比他走得早吗？

不知道从什么时候开始，加班成了一种不成文的规定。

在心理学中，我们把一个群体公开陈述或内隐的包含了特定期望的群体规则叫作社会规范，它告诉了群体成员哪些态度和行为从社会角度看是适宜的。

如果你想要归属于一个群体，你需要知道这个群体的社会规范。你会发现所有或者多数成员的某种行为整齐划一，同时你也会看到违背社会规范的后果。

所谓的"加班文化"便是当代社会一、二线城市广泛存在的社会规范。在北上广深，加班现象普遍存在，而且加班没有加班费、加班不调休都是很常见的情况。

你当然可以不遵守所谓的社会规范，大可以一到时间就潇洒走人，然而在上司和老板看来，就算你已经做好了自己的工作，和一群经常加班到深夜的同事相比，你仍旧不够努力不够拼。你或许不会被解雇，但是你也很难升职，工作两三年你还在原地踏步，而你的同事们早就升职了，然后花更多时间更多精力在工作上……

加班在很多时候和一个人的努力、升职、加薪画上了等号。如果你想升职，想加薪，那你必须拼，至少假装成很拼的样子。

—02—

你所处的行业、公司、职位决定了你是否需要加班。

"无法掌握工作节奏带来的无力感比加班更可怕。"

如果你在广告公司工作，作为时刻准备接受"奴役"的一方，你不得不应对客户三番五次的修改意见和突如其来的项目提案，你的神经是紧绷的，即便睡觉都会做方案被客户打回来的噩梦。

如果你是一个新媒体人，那更要做好随时为热点献身的准备，你唯一能够祈祷的就是，明星们最好等周末、小长假过完再离婚，电视剧赶在工作日播出，总之，热点事件都排在工作日里发生就完美了。

工作节奏、工作进度在很大程度上不由自己决定，而是被外部因素（客户、热点）所左右。

作为一名广告文案策划者，你需要在父亲节前为甲方出一套方案，即便你提前一周把文案写好，客户还是会反反复复提出修改意见，然后在截止时间前告诉你：嗯，我们还是用第一版吧。

如果你是一个新媒体编辑，那就更糟糕了。客户还有心情好的时候，热点却不会管你的心情以及你正在做什么的，它说发生就发生，而你不得不时刻做好为热点献身的准备。

　　这种无法掌握工作节奏所带来的无力感和被动感比加班还可怕。

　　有些加班是可以预见的，因此我们可以想办法去避免，而有些加班，我们除了感到无能为力，别无他法。

—03—

　　微信的出现，使工作与私人空间高度重合。

　　"要么负责任地加班，要么不负责任地焦虑。"

　　在微信刚开始兴起的时候，我们仅仅把它作为一种比微博、QQ更加私人化的社交平台，也因此，我们在微信上袒露了更多的信息和情绪，因为能够看到这些信息的都是平日里关系要好的朋友和亲人，在这里我们感到很安全。

　　工作在QQ上，社交生活在微信上，工作和私人的空间是分隔开的。

　　然而在我们添加了越来越多的同学、同事、陌生人后，微信逐渐沦为了一个半公开的社交平台。工作和私人的空间开始重合，我们也渐渐地习惯了在微信上一边和朋友聊天，一边查看工作群里的消息。

这种情况导致了我们无法彻底断绝工作的干扰。

只要我们使用微信，不管是刷朋友圈还是和朋友约饭，我们都不可避免地会看到同事发来的消息、上司在群里的分享……

若是没有看到这些消息也就罢了，看到了这些消息，出于对工作的负责，你不得不硬着头皮回复。即便你真的任性，能够对此置之不理，你也无法好好地享受假期。你依然会时不时地担忧，担忧自己因没有回复耽误了工作。

结果往往是要么你负责任地在休息时间里加班，要么不负责任地在休息时间里焦虑。总之，一旦你在休息的时候意识到了工作的存在（不管你的选择如何），你就很难卸下头脑中和工作有关的思想，也因此很难真正摆脱工作对自己的干扰。

—04—

个人边界感模糊。

"当老板的个人边界感缺失时，你的态度决定了他是变本加厉还是适可而止。"

我们经常会遇到这样的上司，他分不清公事和私事，常常把个人情绪带到工作中，心情好的时候对人和颜悦色，心情不好的时候就鸡蛋里挑骨头，没事儿找事儿。

还有的上司习惯了在非工作时间找人聊工作，不管事情是否紧急，理所当然地认为你应该24小时在线，秒回信息。而且他完全不觉得内疚，甚至从来没有意识到这样会打扰到别人。

也有的老板自己本身就是"工作狂"，他觉得加班是正常的，不加班才不合理。他还会让你们以他为榜样，鼓励大家多加班，你想请假休息简直比登天还难。

这种上司或老板总在非工作时间打扰别人，主要是因为他们缺乏明确的个人边界，他们分不清工作和私人空间的界限，侵犯了别人的边界而不自知。

个人边界是指个人所创造的准则、规定或限度，以此来分辨什么是合理的、安全的，别人如何对待自己是可以被允许的，以及当别人越过这些界线时自己该如何应对。

边界感模糊一方面是由于他人边界感的缺乏，而另一方面是因为自我边界感的缺失。当他人侵犯你的个人边界时，你的态度决定了他是变本加厉，还是适可而止。

如果你拥有明确的边界感，当他人打扰到你时，你会发出信号让对方意识到自己的行为不妥，使对方调整自己的态度和行为，下次遇到相同的情况，对方便会考虑是否会打扰你。

　　如果你也是一个边界感模糊的人，在被侵犯时总是抱着接纳、友好的态度，那么对方也不会意识到自己的问题，同样的事情就会一而再，再而三地发生。

　　"手机已经成为现代人身上难以分割的器官"，于是我们把无法拥有一个不被打扰的完整周末归咎于使用手机，以为自己不看微信、把手机关机就能从工作中抽离出来，然而没有手机的我们，真的会更轻松吗？

　　真正绑架我们的其实是如影随形的工作，以及现代社会快节奏生活中无所不在的焦虑感。

如果有机会回到过去，人生真的会变得更好吗?

……………………………………………………………………………………………

如果有机会回到过去，人生真的会变得更好吗?

如果有机会回到过去……

还是不要回去了吧，因为我不想再经历一次高考。

我想很多人都曾想过，如果能够回到人生的某个节点上就好了。高考没考好的，可以回到高三发奋学习，不至于沦落到三流大学。错过了挚爱的，可以回到相识之初，好好珍惜对方，不再左右摇摆。选错工作入错行的，可以回到大学刚刚毕业的时候，一键重启从头再来。说到底，我们想回到过去不过是因为想要弥补一些遗憾或是纠正一些错误。

记得以前看过一部电影叫《蝴蝶效应》，电影讲的是男主角有着一段糟糕的童年经历，而他一直深受童年的影响，当他发现自己可以回到过去后，他毫不犹豫地回到了小时候，想要改变过去。

然而当他真的回去了，却发现自己在成功避免了一个错误的同时造成了另一个错误，而这个错误甚至比前一个更加糟糕。

所以，永远不会有完美的人生，弥补了一个遗憾又会产生另一个遗憾，纠正了一个错误却会制造一个新的错误。总会有遗憾和过错出现，而你永远不知道哪一个遗憾会让你更悔恨，哪一个过错会让你更自责。

我们总是把另外一条路想得太过美好。如果回到过去，重新经历一次高考，自己就一定能考上重点大学？之前没考好，你可以归结于没有努力，如果回到过去发奋努力了还是只能考入三流学校，你便会知道其实有些事情不是靠努力就能完成的。

你后悔没有好好珍惜身边的人，所以错过了一生挚爱。可是你又怎么知道下一个遇到的人不是与你共度一生的 Mr.Right（命中注定的人）？说不定回到过去和所谓的挚爱继续走下去，就会发现两个人"三观"根本不合，还不如早早分手，给彼此留一点念想。不管那个人有多好，错过了或许只能说明他不是对的人。

觉得自己入错了行，回到过去重新选择了自己向往的职业，才发现原来这份工作根本就不是自己想象的样子。真正的问题不在于选错了工作，而是每次遇到困难时逃避敷衍的态度。

那些错过的、失去的人之所以那么美好，是因为他们不可能再和你产生交集，你们不会淹没在日常的琐碎中，被柴米油盐打扰，所以在回忆的滤镜下，旧事越发动人。因为未知，所以充满着无数的可能性。

那些想回到过去的人，大都对现状有所不满，或者拒绝对自己做出的决定承担责任。他们企图把所有的不如意归咎于过去的某一次选择或遭遇上，妄想着仅仅靠着改变过去的某件事给人生重新洗牌，从此走上完美人生的康庄大道。

我们经常会夸大选择的重要性，事实上，一个选择、一次改变并没有那么重要，真正改变整个人生轨迹的是一次次选择的叠加。上了个三流大学？没关系，好好学习专业知识，或是发展自己的兴趣爱好，或是在大公司实习积累经验，做好了哪一项都能有一个光明的未来。一次选择做错了？没关系，后面的选择会帮你扭转过来，使你回到正轨上。

"开挂"的人生无法靠一次幸运的选择来成就，同样，不如意的人生也不是靠一次改变就能扭转的。

我们的一生是如此短暂，我们没有那么多的时间去验证对错。选择了这条路，就要一直走下去，现在觉得很糟糕，或许只是因为你正在经历着低谷，再走走，说不定就拨云见日、柳暗花明了。
我想，把任何路走到底或许都是成功的，失败的人都是死在了徘
徊不定的路上。

　　回到过去人生就会变得更好吗？我想不会，因为人生怎么选
择都会出错，我们唯一可以做的就是将错就错，走好后面的每一
步路。

成功，是喜欢的副产品

··

—01—

回忆起自己二十多年来的人生，能够坚持到现在的事情，我想了半天，似乎只有一件，那就是写作。

我从幼儿园就开始学习跳舞，钢琴练了六年之久，大学学了四年的物流管理，最自豪的就是从来没"挂过科"。

大三之前的我应该怎么也想不到以后会从事和写作有关的工作。毕竟高中时候的作文成绩也不算很好，并没有显现出惊人的天赋。

陶杰在《杀鹌鹑的少女》里有一段话很经典。"当你老了，回顾一生，就会发觉：什么时候出国读书，什么时候决定做第一份职业，何时选定了对象而恋爱，什么时候结婚，其实都是命运的巨变。只是当时站在三岔路口，眼见风云千樯，你作出选择的那一日，在日记上，相当沉闷和平凡，当时还以为是生命中普通的一天。"

我想当时的自己就是这种状态，站在命运的三岔路口，丝毫无法察觉命运的巨变。

但如今细细回想起来，人生中的很多选择都是一环扣一环的：如果我没有喜欢上一个学长，也就不会多愁善感。如果没有多愁善感，也就不会开始写作。如果没有写作，我就不会去投稿、开公众号，如果没有投稿、开公众号。我就不会出书，也不会从事写作的工作……

扯远了。

那时候，我最喜欢在宿舍楼里的自习室一个人待着，放着音乐，看看书，写写东西，一待就是一个下午，写作仿佛打通了我的任督二脉，让我把此前看过的书和电影、遇见的人、经历的事情统统梳理串联起来，那个大三的下午坐在自习室的我，从没有想过今后会和文字工作发生交集。

后来有几个问题一直在心中徘徊不去。

为什么学了跳舞、钢琴、吉他，唯独写作这件事情坚持下来了？

如果此前某个节点发生变化，譬如我没有喜欢上那个学长，或者，我没有投稿、开公众号，那是否写作这件事就与我再无交集？

如果我坚持的是其他事情，那我是不是会在另一个领域上小有成就？

—02—

《牧羊少年奇幻之旅》中，有一句话大概是这么说的：

每个人来到这个世上都有属于自己的天命，它会在生活中给你留下一些线索和预兆，通常，我们把它叫作"新手的运气"。

大三的暑假，因为两件事情，我走向了写作的道路。

第一件事，是在大三的暑假给某公众号投稿，我才投了第一篇，主编就加我微信联系了我，觉得我的文笔不错。

那是我第一次觉得，自己在写作上好像真的有点天赋。

第二件事，是在暑假实习期间开了自己的公众号，一开始只有几个人关注，我的家人和朋友是我仅有的读者，直到更新到第三篇的时候，某天，一个"千万级大号"主编突然联系我，想要转载我的文章，没想到，后来有几十个公众号申请转载，粉丝在一天内从几个涨到了三千多。

因为这两件事，让我确信自己走这条路是对的。

如今想来，这大概就是书中讲的"新手的运气"吧。

—03—

秋山利辉是日本顶级木匠大师，他创建的"秋山木工"常常为日本官内厅、迎宾馆、国会议事堂、知名大饭店供应家具。

谈及自己当初为什么选择当木工时，他讲了一个故事：

13岁时，有一次，邻居太太的鸡舍坏了，他自告奋勇，提出要帮邻居太太做一个鸡笼。邻居太太当作玩笑便答应了，结果没想到，他竟然打造出了一个两层楼样式的木头鸡笼。惊讶万分的老太太请他喝茶表示感谢，并且说了一句对他一辈子十分重要的话："学会木工的话，你一辈子就不发愁啦！"

也正是老太太这句话让他好好地审视了自己，让他发现自己原来手巧，喜欢观察家具、房屋的结构，好像对其有一种天然的兴趣……

于是中学毕业后，秋山利辉成了一名木工学徒，27岁时秋山利辉创办了"秋山木工"会社，日本政府接待各国贵宾的迎宾馆、日本各大美术馆，每年都会从他那里订购家具，其以精美和独具匠心闻名于世。

看起来，老太太的这句话似乎改变了他从此以后的方向，如果13岁的时候，老太太的鸡舍没有坏掉，他也没有帮老太太做鸡笼，自然也听不到老太太的这句话，那他会不会成为一名普通的上班族，被生活锯掉了梦想，跛脚行走在人生这条路上？

人生的很多重大选择，似乎都带有碰巧的成分，你很难辨别到底是机遇推着你往前走，还是你注定奔向某个方向。

—04—

在日本被称为"寿司之神"的小野二郎，做寿司有55年之久（按照日本NHK拍摄时间算）。他的店只有10个座位，不提供小菜、饮料，即便如此，想要去他的餐厅用餐依然需要提前一个月预约。

小野二郎的餐厅最低消费是3万日元（人民币1700多元），堪称世界上最贵的餐厅，即便如此，来小野二郎店里用餐的人依然觉得很值。

米其林的调查员说："不管吃多少次，小野二郎的寿司总是令人赞叹。"

85岁的小野二郎每天重复同样的程序：早上5点起床，坐固定的地铁去工作，在开始营业前，小野二郎要亲自品尝当天的食物，并给了徒弟们相关的建议，他会注意餐厅的每个细节，包括客人坐的位置。客人用餐时，小野二郎会一边捏寿司，一边观察客人的性别、咀嚼速度、用餐习惯来调整寿司的大小和放置位置。

他说自己不喜欢假日，觉得它太过漫长，只想尽快回去工作。

对于小野二郎来说，他从来不觉得自己的工作需要坚持，在捏寿司的时候仿佛回到了心灵的归处，客人脸上满足赞叹的表情点燃了他内心的火光。如果生命中一定有什么值得纪念的话，那一次次味道的改进、一道道菜肴的创造，就是烟花，是脱离了生活的琐碎、人际的牵绊的诗和远方。

当被问到什么时候退休时，小野二郎是这么回答的：

"我从来不厌恶这份工作，我爱自己的工作，一生投入其中，纵使我已经85岁了，我还不想退休，这就是我的感觉。"

周国平曾说，一个人不论伟大还是平凡，只要他顺应自己的天性，找到了自己真正喜欢做的事，并且一心把自己喜欢做的事做得尽善尽美，他在这世界上就有了牢不可破的家园。于是，他不但会有足够的勇气去承受外界的压力，而且会有足够的清醒来面对形形色色的机会的诱惑。

没有找到自己热爱的事情的人是很难明白这句话的。

对于一个对某件事情怀有不可抵挡的热情的人来说，"坚持""忍耐""熬"是对所做之事的亵渎，因为做自己热爱的事情根本不需要坚持，那本身就是一种赏赐，你会感受到一种内心的平和和坚定，你建立了抵御这个世界的浮躁、焦虑、急功近利的城堡，坚不可摧。

—05—

有美国恐怖小说大师之称的著名作家斯蒂芬·金，在他两岁的时候父亲以买包烟为借口出门后就再也没有回来，母亲一个人拉扯两个孩子长大，家庭陷入长期拮据的状况之中。大学毕业后，由于没有得到学校的教职，斯蒂芬·金不得不找工作赚取生活费，他在洗衣房打过工、送过煤气、当过门卫，最穷的时候，他和妻子只能住在一辆车里，即便如此，斯蒂芬·金依然会抽时间在洗衣机或者烘干机上临时搭个桌子写作。

这种情况一直持续到《魔女嘉莉》的问世，这本书为他带来了20万美元的收入，改善了他和家人的生活。

而提到写作的目的，斯蒂芬·金是这么说的：

"我写作是为了自我满足。也许我借此还清了房贷，还送孩子上了大学，但这些都是附加的好处，我图的是沉醉其中的乐趣，为的是纯粹的快乐。"

如果你是为了快乐而做事，你就可以永远做下去。

什么是让你热爱的事情？

就是不给钱也做，一有时间就想做，成功不成功什么的从来没有想过，就是一直做，做几年、几十年也从来没腻过。

如果斯蒂芬·金写作只是为了赚钱，那他早可以放弃了，因为在《魔女嘉莉》问世以前，写作除了占据他的时间和精力以外，几乎没有给他带来任何收入。

如果盼着有生之年获得成功，那么贝多芬早就可以把钢琴砸烂了，把琴谱撕了，凡·高也可以把画笔折断，用画作来当桌布。

陈丹青说："老有人来问我，你是怎么成功的？我没想到成功。我画画，因为我喜欢。"

对于做着自己热爱之事的人来说，成功是意外之喜，没有成功也不虚此行。

—06—

做自己喜欢的事情是一种怎样的体验？

我用自己的亲身体验来回答这个问题。

当一个好的灵感降临时，你会感觉肾上腺素飙升，心脏骤然缩紧，身体内的器官像是听到了什么号召一样，躁动得想要引起一场革命。为了亲自迎接它的诞生，你可以不吃不睡，手不停在键盘上敲打，仿佛它们脱离了大脑自行有了生命一般。当作品完结了，你满头大汗，仿佛刚刚生完了一个孩子，你看着它，完美得不需要丝毫改动，于是你精疲力尽，心安理得地睡去。

心理学上有个词，叫作"心流"，它形容的是一种状态，当人在做自己喜欢的事情时，会进入一种全身心投入的状态，在这个状态里，你不被任何事物打扰，感知不到时间的流逝，同时，你会获得一种高度的兴奋感和满足感。这种状态是做其他事情无法代替的。

乔布斯曾说："有时候，人生会用砖头打你的头。不要丧失信心。你得找出你的最爱，工作上是如此，找人生伴侣也如此。你的工作将占掉你人生的一大部分，唯一真正获得满足的方法就是做你相信是伟大的工作，而唯一做伟大工作的方法是爱你所做的事。如果你还没找到这些事，继续找，别停顿。"

每天起床，问自己三个问题：

我现在做的是我喜欢的吗？

我愿意不计代价地投入其中吗？

如果不能成功，我还会继续坚持吗?

如果答案是"否"，那么你该去找自己热爱的事情了。

因为喜欢一件事，努力去做，成功会离你越来越近。

"工作是为了赚钱"这个观念害惨了多少年轻人

在看这篇文章之前，请你思考一个问题：

工作对于你而言，意味着什么？

是赚钱的工具？

还是获得自己想要的生活的手段？

很多人认为工作的意义无非是赚钱而已，把工作视为人生中的"必要之恶"，将工作和生活对立起来，认为工作是工作，生活是生活。抱着"拿多少钱干多少事"的态度，不是自己的工作绝不多干，加班的事情能避免就避免，下午六点钟下班，五点五十就开始收拾东西。

而与之相反，有那么一小撮人，他们身上有很多常人无法理解的行为。

在办公室里，总是最后一个走。

常常喜欢去参加其他部门的营销会议，总喜欢"没事找事"。

周末的时候也不肯老老实实歇着，看到什么值得学习的文章就会发到工作群里……

我一直好奇他们那么拼命工作的原动力来自哪里，他们和我们到底有什么区别。

在《干法》中，稻盛和夫将人分为三种类型。

不燃型：点火也烧不起来的人。

可燃型：点火就着的人。

自燃型：没人点自己就能熊熊燃烧的人。

而你仔细观察就会发现，那些在同龄人中升职涨薪最快、成长进步最多的往往是第三种人——自燃型的人，他们有极强的自主驱动力，长期处于学习区，他们不认为工作是一种任务；相反，他们认为工作很有意思，他们从来不会等别人吩咐了才去干，而是在被人吩咐之前就自发去干。

当你假装没看到工作群里的消息的时候，自燃型的人精力充沛到半夜都在群里积极地出谋划策；

当你在极力推脱那些不属于自己份内的工作时，自燃型的人总爱"多管闲事"并对其他人的工作"指手画脚"；

当你摆手摇头说"我不会"的时候，自燃型的人"傻"到揽活上身，一口一句"我来试试吧"……

他们不一定比别人更聪明、更擅长工作，但他们身上往往散发着一种对工作的热情，这种热情就像是《星际大战》中能够让人获得宇宙中巨大力量的"无限原石"一般，给他们的工作注入源源不断的动力。

我身边就有这么一个自燃型的人，她是大四的实习生，也是同事口中的"小才女"。为什么会这么称呼她呢？因为她不仅会设计、手绘、剪音频，还会写文案、排版、做运营、摄影……

然而她并不是一开始就样样都会的，因为我们公司的实习生不多，所以部门里的其他人都会私下里把自己的工作"甩"给她来做。如果遇到不会做的，她不会说"啊，这个我不会"，而是欣然接受说"好呀，我没做过，不过可以试一下"。

她的QQ签名是"请尽情压榨我，让我成为一个有利用价值的人吧"。而她也的确让人觉得"物超所值"——拿着实习生的薪资，做着好几个人的工作。

虽然她实习不到一年，但她的成长速度极快，关键是，在这个过程中，她很满足很快乐，这种状态让我这个老员工也感到强烈的危机感，我开始怀疑，以前把赚钱当作工作的唯一目的的观念是错误的。

如果工作的意义不是赚钱，那么我们努力工作到底是为了什么呢？

究竟什么才是正确的工作观呢？

对于这个问题，稻盛和夫给出了答案，那就是热爱你的工作，像谈恋爱一样迷恋你的工作。

1.热爱工作是一种投资

一个人每周至少要工作40个小时，而平均每个人的工作年限是35年，也就是说除了睡觉以外，占据你最多时间的是工作。在每天8个小时的时间里，怎么度过取决于你。你是要浑浑噩噩度过一天中精力最充足的时间，还是集中精力解决一个个抛过来的难题，磨练自己的技能，选择权在你。

记得之前和某公众号的负责人出来聊天，我还没走进咖啡馆就看见他掏出一个笔记本电脑工作，他说自己走到哪里都会背个双肩包装着电脑，方便随时随地处理工作上的事情。

他跟我讲过一句话，让我印象特别深刻，大致意思是，如果工作仅仅是为了赚钱，那太对不起自己的时间了。

那一刻我才意识到，原来**用于工作的时间不是一种消费，而是一种投资**。

你想，你每天就只有那么多时间，你用这些时间逛淘宝、在微信上聊天，那么这些时间就是用来被消费的，过了就没了。但你用这些时间去努力工作、提升自己的技能，那么这些时间就是一种投资，给自己的未来增值。

就我刚开始说的那个实习生，每次接到做图的活的时候，她不是表现出"啊，又要加班了"的样子，而是"好开心啊，又可以设计自己喜欢的图了"。她并不认为这是一种付出；相反，她认为这是一种得到，每天得以提高自己的审美，不断修改图片直到自己满意，而自己也能清楚地感觉到自己的成长。

当你开启投资的模式，工作也会给你更多的"复利"：工作能力的提升、其他同事的认可、成就感的"爆棚"……

2.热爱工作能够提升你的心志

稻盛和夫曾说过："劳动的意义不仅在于追求业绩，更在于完善人的内心。"

怎么讲呢？

他在《干法》中说了一个故事，他曾在一个电视节目访谈中听到一位修建神社的木匠师傅的话："树木里有生命。工作时必须倾听这生命发出的呼声——在使用千年树木的木料时，我们精湛的工作必须经得起千年的考验。"

这位70多岁的木匠，只有小学毕业，几十年只从事过这一项工作，虽然其间也有很多次想要辞职不干，但他还是克服了种种劳苦，而这样的过程便孕育了他厚重的人格。

朋友曾跟我说过一件事，她们公司某个项目出了问题，老板半夜在群里面发消息，问该怎么处理，结果其他同事都装作没看见，没有一个人回复，最后我的朋友忍不住在群里回复了，立马接到老板打来的电话，老板接纳了我朋友提出的建议。这件事之后，凡是有重要的工作或出现严重的问题的时候，老板都会点名问她的意见。

而你会发现，当你不再"逃跑"，而是选择面对并直视问题的时候，你的人格就得到了磨练，你逐渐从一个喜欢逃避、厌恶麻烦、随意任性的人变成一个直接面对问题、有责任感、值得信任的成熟社会人。

而这些，是工作能够带给你的，比赚钱更重要的东西。

3.热爱工作能够扭转局面

只有热爱工作的人，"神迹"才会降临在他的身上。

这句话类似于吸引力法则，就是如果你一心扑在工作上，不管吃饭也好、睡觉也好，都在想着工作，那么那个困扰你很久的问题就可能在某个时刻得到解决。

稻盛和夫在《干法》中讲了一个亲身经历，有一段时间，他在工作中遇到了某个棘手的问题，研究如何让“镁橄榄石”成型，但是一直找不到合适的方法。有一天，他一边想着这个难题，一边走进实验室，突然被某个容器绊了一下，差点跌倒，一看脚下，鞋子上沾了松香树脂，正当他想要问谁把这玩意儿放在这里的时候，突然一个念头一闪而过，“就是它”，他将松香树脂作为粘结剂完美解决了问题！

稻盛和夫认为：“只要热爱工作，只要抱着纯粹的动机、强烈的愿望，付出不亚于任何人的努力，就能感动上帝，获得天助。”

他把那一刻称为“神的启示”，但实际上，如果不是他全心全意想着工作，那么即便“神迹”降临了，他也不会发现。

这种“神迹”无处不在：

高中的时候为了完成数学作业的最后一道题，冥思苦想，吃饭的时候突然有了解题思路；

为了一个广告文案加班到深夜，睡前刷微博看到一个消息，突然想到了一个绝妙的金句；

因为一个策划熬了几个通宵，只为了出一个方案，但都觉得不满意，结果聊天的时候因为朋友说的一句话，于是得到了启发……

你看，古往今来，被苹果砸过头的人应该不少，但被苹果砸到就能想出万有引力的人只有牛顿一个。

只有你在工作上面全神贯注，才会从生活中得到启发，对于从来不想着工作的人来说，即便有"苹果落下"，也依然无法领悟"神迹"。

4.热爱工作就能获得幸福

稻盛和夫说过："要想拥有一个充实的人生，你只有两种选择，一种是'从事自己喜欢的工作'，另一种是'让自己喜欢上工作'。"

有人会说，这句话是不是太"神"了一点？但如果你真正去实践，你会发现这个道理再容易理解不过了。

张佳玮曾提到古龙《多情剑客无情剑》中的一个例子：一对厨子，在饭馆打烊后，在后厨给自己炒了盘菜，找了点小酒，很惬意地吃了一番。

他们还活着，就是因为一天还有那么一两个时辰。

古往今来，人们的幸福很简单。

对于普通人来说，找一份喜欢的工作，下班后回到家，打开电视，把西瓜切半，用勺挖下最中间的一口，就是幸福。

那既然如此，天天待在家里吹空调、吃西瓜不会更幸福吗？

我用过来人的经验告诉你，过每天吃吃喝喝的生活，在第一个星期的时候或许会觉得享受；但如果把这样的生活持续一个月，甚至半年，你会发现，你根本感觉不到快乐了。

以前我感到最幸福的时候，就是周五晚上。那时刚刚结束了一周的工作，晚上还可以去影院看一部最新上映的电影。但辞职以后，我发现，周五失去了它的意义，每一天对我而言都是一样的，我不再感到期待和兴奋。

因为幸福是一种对比，或者说是一种落差感。

你感到温暖的时候，是因为你在室内，而外面下着雪；你觉得清爽的时候，因为之前运动过，大汗淋漓而现在洗过了澡；你觉得幸福的时候，是因为周五结束了一周的工作，而现在可以好好放松休息。

不可否认的是，工作能够给人带来意义感。正如稻盛和夫所说："拼命工作的背后隐藏着快乐和欢喜，正像漫漫长夜结束后，曙光就会到来一样。"

朋友跟我讲过一个他去日本旅行时发生的故事。他们进到一家店里的时候，发现门外有一个老爷爷专门负责在客人出门的时候把客人脱下的鞋提过来。门外的鞋很多，但是这位老爷爷在客人出门之前，就能在很短的时间内辨识出哪双是谁的。

即便是一份"提鞋"的工作，只要你认真努力去做，也能获得人们的尊敬。

养成对工作的仪式感，不管什么工作，要想尽办法把它做好，做到极致，只有这样才能赢得别人的认可，也能获得一个充实且充满意义的人生。

你想要每天过得有意义吗？可以，热爱你的工作。

你想要成功吗？可以，热爱你的工作。

你想要获得幸福吗？可以，热爱你的工作。

第二章

最好的升级是系统化进步

拥有情绪控制力是一种职业修养

—01—

每个刚刚工作的人，都需要经过一系列的考验，像是"打怪通关"般地完成从校园到职场的过渡。获得其中滋味的过程，更像是社会给我们上了一堂生动的实践课，丝毫不留情面地用现实告诉我们这个环境的新规则。

大四那年，我独自跑到上海的一家新媒体公司实习，就在这短短的实习生涯里，发生了一件足以影响我整个职业观的事情。因为初入职场，拿着offer（录取通知）匆匆忙忙入职的我连房子都没租，在开始工作的第三天早上，我发现自己无家可归了。因为忘记提前续交青旅的床位费，再加上那时刚好是上海游客最多的季节，我就这样连人带行李直接被"扫地出门"了。

第一次遇到这样事情的我完全蒙了，一边慌慌张张地跑去公司准备上班，一边崩溃地想着晚上会不会露宿街头。老板发现了我的不对，午休的时候找我聊天，我如实告知。老板表示如果我实在没办法，今天就先在公司将就一晚，她回家帮我带一床被子，让我等周末再抓紧时间找房子搬家。

虽然事情有了解决的方案，可当时的我却因为这件事一直神情恍惚，无法控制自己的情绪，完全不在工作状态。那天下午我写的三篇稿子改了几版都无法使用，眼看离截止时间只剩下一小时，老板把我叫进办公室，和我来了一次严肃的谈话。

她说的话我到现在都还记得清清楚楚："我并不认为你没有能力写好这篇稿子，我也理解你找不到房子的心理压力，不管是睡在公司还是再找其他旅店，我们都会尽力帮你解决，但如果你一直陷在自己的情绪里，并且影响到正常的工作，我们会对你的职业能力重新进行评估。"

她的话让一整天都浑浑噩噩的我瞬间清醒。不管自己在生活中遇到了什么样的问题，在你进入公司的那一秒，你就应该是个能够将本职工作尽数完成的员工。无法控制自己情绪的人，根本算不得是一个真正的职场人。

—02—

在我们身边，总有一些人爱把私人情绪带到工作中，他们不仅无法完成自己的工作，还会给身边的人带来巨大的困扰和负担。这些人里不仅有底层员工，还有高管甚至是老板。他们无法摆脱情绪的影响，分不清工作和生活的界限，成为被情绪控制的奴隶，渐渐地被困在无法突破的瓶颈中，却毫不自知。

我有个朋友在报社工作，负责出门采访并写稿子进行报道，她每天打扮得光鲜亮丽，充满干劲又活力满满的样子得到了很多领导的喜爱，大家都希望把重要的任务交给她处理。但前段时间她失恋了，整个人痛苦到了极致，整夜失眠，第二天萎靡到如同行尸走肉。很多同事觉得她过段时间就会好，谁知她却一直无法走出情绪的低谷，直到有一天，她在电梯里遇到了报社的社长，社长说对于一直无法调整状态、心思不在工作上的员工，他们会重新考虑去留，朋友这才被迫反思自己的问题。

我还曾遇到一个领导，他在推进项目的过程中全然陷入自己的情绪，今天支持的球队赢了心情好，让我们这样决定，明天车被刮了心情差，让我们推翻重来。在如此反复的工作模式下，下属每天根据他的心情做事，经手的几个项目几乎个个谈不上真正的完成。而他在放任自己情绪的状况下，也已经丧失了一个领导者应有的决策力和威信。

所以我们说，对一个真正成熟的职场人而言，拥有情绪控制能力是一种职业修养。

—03—

情绪本身有正面和负面之分，每个人在生活中也会随时随地产生各种情绪，只不过有的人可以控制自己的负面情绪，而有的人却只能任由负面的情绪不断蔓延，影响自己的状态。这也是我们在生活中常常说的，有的人情商高，有的人情商低。那么，为什么你无法控制自己的情绪呢？

1.无法辨识情绪及触发点

人们对情绪的感知能力天生不同，有的人十分敏锐，能够快速地意识到自己陷入了某种情绪中，比如愤怒、焦虑、抑郁、悲伤等。但有的人却无法意识到自己内心的不适是由什么造成的，我们也可以把这种情况称作情绪的"钝感力"。"钝感力"就是对于情绪的反应相对迟钝。

仅仅意识到自己的情绪是不够的，你还需要直面自己，分析出这种情绪的触发点到底是什么，也就是说你要知道究竟是什么事情导致你产生了这种情绪。比如你现在十分懒散，没有动力，不停地拖延，真正使你拖延的原因是你不想面对即将处理的工作，因为你并不擅长，那么这个点就是你所有情绪的触发点。辨识情绪及其触发点十分重要，你只有发现自己的情绪和造成这种情绪的原因，才能真正着手去梳理这些情绪。

2.无法妥善处理负面情绪

有的人能够辨识自己的情绪，并试图挣脱负面情绪的影响，但却无法找到排解情绪的真正出口。还有的人在负面情绪到来的时候，只会手足无措地陷入其中，毫无反抗地被其干扰，任由自己变为一个情绪化的人。

无法妥善处理负面情绪的影响的人，就会在情绪的作用下混淆主观认知与客观事实。比如，你最近在工作中遭受了挫折，于是陷入了自卑的情绪中，在主观认知上觉得自己做什么都不行，以致在提案时犹豫不决并否定自己，最终导致了失败。如果你无法对抗自己的消极情绪，就会变成情绪的奴隶。

—04—

亚里士多德曾经说，他保持良好人际关系的秘诀是，他如果要发怒，应选择恰当的对象，把握恰当的程度，确定恰当的时机，为了恰当的目的，通过恰当的方式。这一系列的恰当，就是他控制能力的体现。情绪不需要隐藏，也不需要压抑，而是需要恰当地表达和释放。那么，我们如何增强自身的情绪控制力呢？

1.提高自我认知能力

要知道，情绪其实也是一种生理反应，有时候并不是你内心真实的想法。你摔倒了身体会有疼痛感，被蚊子叮了会有瘙痒感，情绪的产生也是一样的道理。疼痛会随着时间的流逝和身体的痊愈而逐渐消失，情绪也会随着你的发现和释放逐渐消解。真正理想的状态不是你从来不受情绪的困扰，而是你学会如何认知自我，认知情绪，学会与之和平相处，发现它，接受它，并想办法解决它。

2.增强情绪管理的技能

情绪管理不是一件容易的事，但也并不难，针对每个人都有不同的办法。有人说训练情绪管理能力，就如同进行一项脱敏训练，当你看到的、经历的足够多了，你也就知道了自己面对每种情绪需要采取什么样的方式。还有一种训练方法，就是当你遇到情绪困境的时候，尝试做一些对抗性的事情，比如运动、睡觉、向朋友倾诉等，自己为每一种行为打出分数，通过分数的对比，逐渐找出真正适合自己的情绪管理方式。

就如同你按时健身、每晚读书、坚持写作一样，这些好的生活习惯告诉你，自律给你自由；而努力尝试控制自己的情绪，并与之进行对抗，会让你发现在职场中控制好情绪才会给你真正的自由。

你活得那么累是因为缺乏快速切换的能力

学生时代，你是不是很羡慕那些不补课、不熬夜、会玩，但学习成绩总是名列前茅的人？在工作的时候也总有那种从来不加班，总是能在下班前把当天的工作都完成的人。我们常常把这些人能够如此轻松地学习和工作归因于聪明，其实这和聪明真的没有多大关系。

我们常常在数学课上背英语单词，在英语课上做数学作业，上课的时候不是走神犯困就是看课外书，下课的时候再去自学老师之前讲过的内容……该学习的时候没有认真学习，该放松的时候又不敢好好放松。

工作的时候看微信朋友圈、刷微博，最后加班补全未完成的工作。分手后郁郁寡欢，即便知道这样不好也依然沉浸在痛苦中无法自拔。

其实，所谓轻松地学习、轻松地工作、轻松地恋爱要求的都是同一种能力——快速切换的能力。

快速切换，就是迅速抽离和快速投入。不管是在工作中还是在恋爱中，拥有这种能力的人能够更高效地工作，更快摆脱负面情绪的影响，享受当下，成为人生赢家。

1. 快速切换能力能够让你尽快摆脱负面情绪

你失恋的时候会这样吗？你很容易长时间陷入痛苦无法自拔，这种情绪甚至会影响到正常的生活：你工作的时候魂不守舍、屡屡犯错；和朋友相处时无精打采，提不起兴致，生活中似乎再也没有什么值得开心的事。

在理智上，你知道自己不能再继续痛苦下去，知道就算你再悲伤、再悔恨也无法挽回对方，然而你却上瘾似的无法摆脱失恋的阴影。

你所缺少的就是快速切换的能力，你无法强迫自己从负面情绪中快速抽离。

有些人失恋只会伤心两三天，喝酒也好，大哭也罢，然后就像什么事都没发生过一样，继续努力工作，认真生活。这些人拥有迅速抽离的能力，一旦意识到某种情绪对自己有负面的影响或者会让自己失控，便能迅速从中抽离出来，摆脱负面情绪的影响。

迅速抽离并不是压抑自己的情绪，而是在短时间内允许自己释放，迅速将负面情绪排空，不再拿出来反反复复地咀嚼、回味。

2.快速切换能力能够让你提高效率

你是不是经常加班？每天都很忙，但实际上一天也没有多少工作，逛逛微信朋友圈，刷刷微博，一不小心半天就过去了。好不容易打起精神准备工作，总有一大堆破事儿涌上来打乱思绪，一天过去了，该做的事情还是原封不动待在那里。

心理学上有个词叫作"心流"，心流是人们全身心投入某事的一种心理状态，如艺术家在创作时就处在这种状态。人们处于这种情境时，往往不愿被打扰，即抗拒中断。心流是一种将个人精神力完全投注在某种活动上的感觉，心流产生的同时也会有高度的兴奋及充实感。

不管是在嘈杂的环境中，还是在多任务并行的状态里，快速投入的能力能够让你排除干扰，在短时间里专注一个任务并高效地完成。

3.怎样提高快速切换能力

其实快速切换的能力就是强迫自己在一段时间内不去想什么

和只去想什么。

周末的时候尽情放松，不去想工作的事情，即便知道上班以后会面对源源不断的问题和工作，也能够好好享受自己独一无二的周末。

如果你无法快速切换自己的状态，那你只能永远在错过和遗憾中度过。谈恋爱的时候无法尽情投入地爱，分手的时候却总是走不出来；工作的时候总在刷微博，休息的时候工作电话又源源不断……

那么问题来了，我们怎样做才能快速切换自己的状态？

1.找到按钮

有人写东西的时候需要安静独处的环境，在当前环境无法满足这些要求的时候，例如在上班时，周围同事聊八卦聊得正起劲，你无法强迫他人保持安静，你只要戴上耳机，调到纯音乐的频道，就能忽略外部环境的嘈杂，进入专注的状态。

戴上耳机听音乐就是能够让你快速投入的按钮。

很多人只有在夜深人静的时候才能好好思考，对于这些人来说，独处不被打扰的空间和安静的氛围就是快速投入的按钮。有的人学习非得去自习室，看书非得去图书馆，不管是否刻意，总之他们找到了自己的按钮。

一旦找到了能够让自己快速投入的按钮，那么你就能在短时间内进入状态，在心流里高效地工作和学习。

2.设置时限

感知到负面情绪存在的时候，不要去压抑情绪，反而要将情绪尽情释放出来，但要给负面情绪设置一个时限。例如失恋的时候可以给自己一个星期的时间，在这个时间段里想怎么哭就怎么哭，想怎么折腾就怎么折腾，但是一旦过了这个时限，就必须强迫自己从负面情绪中走出来。

在工作中也是如此，不管是写一篇文案，还是做一个PPT，都要刻意给自己设定一个时限，人只有在截止时间即将到来时才能最大地激发自己的潜能，逼迫自己尽快进入状态。

设置时限还能让你学会减少对不必要事物的投入，当一个创意迟迟想不出时，继续陷在里面是无益的，设定的时限一到，便赶紧抽离出来，不再继续投入更多的时间。

3.建立不同场景的界限感

建立不同场景的界限感，不让上一个场景造成的状态影响到下一个场景。工作的时候全心投入，一旦切换了场景，在走进家门的那一刻要像扔掉包袱一样把上一个场景残留的情绪和状态卸下。在家的时候，不去想工作的事，不管是处理工作电话还是微信消息，都要养成界限分明的自觉性。

在进入新场景之前，自觉关闭上一个场景的状态，清空还停留在上一个场景的思绪。

那些被称为"没心没肺"的人，他们就是不费吹灰之力便拥有了快速切换技能的天才，不管白天有多么糟糕的事情发生，到了晚上仍能倒头呼呼大睡，第二天总能像什么事情都没发生过一样充满希望。

职场的竞争就是话语权的竞争

刚刚进入职场的新人，可能都会面临这样的窘境：

开会的时候，底气不足，好不容易鼓起勇气发表意见，却被大家自动忽略；

和老板吃饭，明知道应该好好表现，却发现老板可能连你是谁都记不得，一不小心还叫错你的名字；在职场元老面前，他们说什么你都得做，即便这件事不该你负责，你也完全没有讨价还价的余地……

身为一个完全没有存在感的职场"小白"，你很羡慕那些有职场话语权的人，不要小看一个人在职场中的话语权，因为职场的竞争就是争夺话语权的竞争。

刚工作的时候，朋友向我抱怨，说自己不受重视，陪老板吃饭，结果全程充当背景，连花瓶也算不上；开会讨论的事情她也知道，老板的眼神却偏偏越过她，抛向了坐在她旁边的另一位同事。

缺乏存在感，似乎是很多新人都会面临的问题。

拥有职场话语权需要两个条件：一是有人听你说话，二是你说的话能够影响甚至改变别人。也许你是"自来熟"，能很快和同事打成一片，可到工作中，你发现自己并不能因此影响、改变对方的决策。

仔细观察你就会发现，工作中拥有较多话语权的人往往是这两种人：

1.身居高位者

开会的时候，不管团队的人讨论得有多激烈，只要领导发话，给出自己的方向和建议，基本上没有人会提出反对意见，大家都会以领导的想法为主，默默地执行任务。

2.实力突出者

一般而言，领导在征询下属意见时，询问的第一个对象往往是他认为最有能力的人，不管讨论的是什么，领导都会问一句"元芳，你怎么看"。作为领导认可的实力派，他们拥有较大的话语权，他们的分析和建议也极有可能改变领导的想法和决策。

在职场中没人听你讲话，没有话语权的原因是什么呢？

1.专业度不够

在生活中，我们不难发现，对于医生所说的话，我们向来是言听计从。医生嘱咐一天吃几次药，我们就老老实实吃几次；医生建议少吃辛辣刺激的食物，即便再嗜辣，我们也拼命忍住，整天吃清水白菜。

我们往往对不熟悉的领域的专家抱有极大的尊重和信任，这就是所谓的专家权威。《影响力》这本书中介绍了六种原生影响力，其中一种就是权威。权威原则是指：我们更容易听从权威人士的意见，甚至在很多情况下，只要有正统的权威人士说了话，其他本来应该思考的事情都变得无关紧要了。

为什么医生、律师有那么大的影响力？因为他们拥有"专业特权"，对于普通人来说，医学、法律等专业领域都是普通人不甚了解的部分。当别人知道得比我们多时，我们会认为对方说的话更值得信赖。

同样，在工作中，如果你没有足够的专业度，别人问你相关问题你却一问二不知，那你说的话自然不会被重视。那些说话有分量的人，不是职务高就是拥有极强的专业度，他们平时不善言辞，但在他熟悉的领域里，他总能句句在理，讲得头头是道，大家也因此心悦诚服，尊重他们的话语权。

2."拎不清"

"拎不清"指在工作中分不清利害关系，不明白各方的利益诉求。特别是在双方甚至多方的谈判、合作中，如果你只考虑自己的利益，那么你的话将无法说服任何人。

在你寻求合作的时候，如果你只是说"我们想要寻求合作，希望在您的平台上曝光、推广某个产品"，对方肯定会问"你们能够为此提供什么"。如果你支支吾吾，既不能提供等值的费用，又不知道对方的需求，那么不管你强调这个产品有多实用，你们公司有多知名，对方都会无情地拒绝。

人与人之间的关系就是资源置换的关系，资源置换的前提就是你得知道对方有什么资源，你有什么资源，对方想要什么，你又想要什么，清楚了这些前提，你才能进行合理的资源分配。

如果你清楚地知道彼此的利益诉求，以及手中掌握的各项资源，你就能够找到更符合彼此期望的合作方案。在此时，你所说的话不仅代表着自身的利益，也代表了对方的利益，自然会受到广泛的认同。

还有一种情况，在某些项目中，不管你如何平衡双方利弊，对方就是迟迟拿不定主意，明明说了没有问题，最后却没能落实。这个时候你要考虑的是，和你谈判的人是不是决定项目的关键人物；如果他只是负责执行环节的人，那么说服他显然是没用的。

知道利益节点上谁才是掌握决策权的关键人物，找对人，你的话才有效。

很多人都是从职场"小透明"慢慢升级成让大家无法忽视的关键人物，话语权的背后是专业能力、全局观以及换位思考等能力在支撑。

在电视剧《司马懿大军师之军师联盟》中，司马懿的逆袭同样是争夺与巩固话语权的过程。在一开始，司马懿只是个名不见经传的小人物，他的话几乎没有任何分量。然而他一步步展现出自己的才能与智慧，不断地施展计谋并获得胜利，话语权也随之发生了极大的变化，他的每句话都在改变着局势的走向，让对手不得不重视他。

不仅在职场中是如此，在生活中，我们同样面临着话语权的争夺。为什么现代社会鼓励女性独立，要有自己的经济来源？说到底也是为了掌握更多的话语权。

社会心理学家认为，亲密关系中同样存在着"权利"的争夺，当一方拥有更多的收入、更高的社会地位及专业度时，他们往往也会在亲密关系中拥有较多控制、支配另外一方的权利。

不管你和对方的关系有多亲密，一旦丧失了独立生活的能力和经济基础，你就会发现，你的话语权受到了压缩。当你和对方意见相左的时候，如果对方态度强硬，你是没有底气提出反对意见的。

不断地从以上这些方面提升自己，让自己尽快拥有话语权，你的努力才是有意义的。这种意义感会促使你往更高的方向发展，将生活的希望握在自己手里。

在工作中，增加自己的曝光程度很重要

在职场中，你是不是一个默默无闻的人？你常常埋头苦干，却不为上司所知。明明事情都是你做的，功劳却常常被别人领走。即便工作了好几年也依然升职、涨薪无望，自己的能力并不弱，论专业也没人强得过你，可为什么你总是不被赏识呢？

你讨厌那些做一点事就忙着在上司面前邀功的人，你不屑于嘴上功夫，然而低调行事的你，成绩从来不曾被曝光。委屈也好，感到不服气也罢，如果你不能在职场中增加曝光度，即便有能力也难以被人发掘。

朋友小Y是一个颇有能力的人，他负责运营公司的官方微博，在运营官方微博期间，他的很多创意被"大V"们转载，成绩可以说是有目共睹，可他却没有受到应有的重视。小Y是一个不善言辞的人，开会的时候也很少发言，即便微博运营的数据很好也从不开口，小Y做了微博编辑一年多，付出了许多的心血和汗水，却没有得到应有的重视和回报，最终小Y选择了离职。

当然，小Y或许会找到一家足够重视他的公司，然而把希望寄托于一个有眼光的伯乐、一个明察秋毫的上司身上，无疑会使自己陷入被动的局面。如果没有那么好的运气，如果在下一家公司依然不受重视，难道还要辞掉工作从头再来吗？

在很多人看来，能力就是名片，金子走到哪里都能发光，有实力还怕没人要？然而在我们的能力还没有强大到不可取代的时候，在个人能力差距不大的情况下，谁能够增加曝光量，谁就能占得优势。

什么是增加曝光？

曝光是指在摄影过程中进入镜头并照射在感光元件上的光量。在工作中增加自己的曝光，顾名思义，就是让自己的成绩被别人看见，从而使自己的能力得到更多人的认可，受到更多人的赏识。

很多人认为增加曝光就是要溜须拍马，不务正业，其实增加曝光不是邀功，也不是只说话不做事，增加曝光和用心做事并不矛盾。增加曝光和邀功、拍马屁的根本区别在于增加曝光要求的是实事求是，既不夸大自己的成绩，也不抢夺别人的功劳。曝光过度是邀功，曝光不足则没有存在感。

为什么职场中需要增加曝光？

1.增加曝光能够赢得更多的好感

社会心理学家指出，比起只见过一两次的人，我们更喜欢经常碰面的人。也就是说，你在一个人面前曝光程度越高，你就越容易让对方产生好感，被别人接受。

增加曝光意味着不管是在会议中还是在邮件报告里，你都要让上司注意到你，把目光投向你。如果你不吭声，那么你只能充当背景，上司的眼光掠过你，同事的眼光掠过你，你虽然坐在那里，却形同虚设。

一个人的精力是有限的，领导不可能注意到每一个员工的动态，知道他们工作的进度与细节。那些经常与上司沟通、定期汇报工作情况和进度的同事，不断出现在上司面前，混成了熟脸。上司自然而然对这个人的能力有更多的了解，以后有重要的项目和机会也会第一时间想到他。

2.增加曝光可以提高工作主动性

一个人如果一直等待别人来发现自己的才华和能力，那么他将始终处于一种被动的状态。一个人努力工作，希望被上司发现，如果没受到应有的重视，就会因此产生消极的情绪。他要么成为职场负能量"黑洞"，无论逮着哪个同事都要"吐槽"一番，说公司不会用人，这份工作没有前途；要么就此混吃等死，从上班就开始期盼着下班，变成得过且过之徒。

采取主动曝光的人，往往有更为积极的工作情绪和状态。主动曝光自己的成绩和能力，让上司、同事看见自己，在得到认同、称赞的同时，也会在工作中更加积极主动。在这种正反馈下，人们能够更好更快地完成自己的工作并积累丰富的经验。

3.恰当的曝光是本职工作

很多人认为做好自己的本职工作是基本的职业素养，也因此对"曝光"这件事敬而远之。这些人喜欢低调，不愿张扬，因为内敛不肯外放。

这些人不明白的是，恰当的曝光同样是自己的本职工作，让别人看到自己的工作成果也是每个人应有的任务。

定期向上司做汇报，有什么问题和疑惑及时反馈给对方，这些也是工作的一部分。成熟的职场人除了知道显性的工作内容外，也必须了解隐性的工作：沟通、反馈、汇报……

工作中，除了有具体的数据考量你的工作成绩外，还有无法用数据显示的曝光量来体现你的工作情况。而这些知识，没人告诉你。

如何在最短的时间内达到你的目标？

你学过钢琴、弹过吉他、玩过单反、写过东西，你事事都懂，却样样不精通。

我以前很羡慕那些什么都懂一点的人，不管和谁聊天他们都能搭得上话，"哦，你钢琴十级啊，以前我也学过钢琴""你在新加坡留学啊，我也在那个地方待过一阵子""你是摄影师？我也有台单反，不过很久没玩了"。

这种人，看起来见识广、经历多，生活丰富多彩。他们学过钢琴、吉他、架子鼓，会说一点日语、韩语、法语，做过销售、HR（人力资源）、策划。每天起床总有新的计划要实施，新的梦想要追逐。执行力很强，想到什么就马上行动；说要充实一下自己，立马从图书馆借十几本书在宿舍里晾着；说要学习 PS，马上下载一堆不知道有用没用的资料在电脑里搁着……你经常前一天看到他一头扎进书海里，以为他要发奋读书了，后一天就看到他坐在电脑前开始研究PS……

中学学过物理的人都知道，把物体往同一个方向拉，物体所受的力是分力之和，如果把物体向不同方向拉，那么物体所受的力必然小于分力之和。同样，一个人的时间和精力如果被长期用来做同一件事，那么在这件事上就会有很大进步。但是很多人在学钢琴的同时又想学吉他，他们今天去琴房练琴，明天看教程自学吉他。一个人的时间和精力毕竟是有限的，你最初可能计划着每天拿两个小时练琴，两个小时学吉他，但最后却往往只能坚持一样，甚至连一样都没法坚持下去。

你一直在分散自己的精力，你本可以拿一整段时间坚持一件事，却偏偏什么都想尝试一下，结果付出了大量的时间和精力，每一样都收效甚微。

记得以前看过一段话，讲的是如何快速达成你的目标。首先要列出你的目标，例如学习PS、练出马甲线、出一本书等，然后把你最想要达成的目标挑出来，划掉其他目标。因为其他的目标往往是你达成终极目标的最大阻碍，它们会分散你的时间和精力。

现实生活中，你经常会发现对某一方面很精通的人往往对另一些事情一点儿也不了解。我曾经遇到一个在企业管理上很有想法的人，他说起企业管理滔滔不绝，没有什么是他不知道的，然而当我们谈起娱乐明星时，他彻底沉默了，因为他几乎都不知道。他把自己的时间和精力全部放在了企业管理上，工作、生活中的关注重点都聚焦在这方面，哪有时间关注其他事情？

在工作中我们也遇到过这样的情况，一些已经工作两三年的人，却拿着和应届毕业生一样的工资。这些人为什么会有这样的遭遇呢？主要是因为他们没有职业规划。在刚刚毕业时，他们不知道自己想做什么，适合做什么，于是做了一段时间销售，发现不喜欢，便转做新媒体运营，可是新的工作依旧和想象中的不一样，他们便转而去做人力资源。频繁更换工作使他们没有相应的工作经验，也因此在薪资待遇上只能和应届毕业生一样。

也有一些人一开始就知道自己想做什么，他们学习大量的相关知识，不断地积累经验，工作了两三年，不说升职当主管，工资水平肯定不是刚刚毕业时能比的。

你以为什么都尝试过的人很厉害？实际上不断更换新工作不仅没有帮到你，反而分散了你的时间和精力。刚刚毕业的那两三年其实是最宝贵的，这段时间对工作习惯的养成，以及工作方法的塑造有着巨大的影响，同样的时间用在同一个工作上面，往往会让你走得更快更远。

六招教你如何让别人答应你的请求

....

我们在请求别人帮助时，内心经常会很忐忑，总是担心自己的要求太过分，被拒绝的话会很尴尬。所以，我们发出请求之后，对方稍显犹豫，我们马上撤回请求，"算了，当我没说""没关系，我再另外想想办法吧"，然后一个人抓耳挠腮，不知所措。你有没有想过，或许不是对方不愿意帮你，而是你自己的表达方式存在问题。有时候同样的请求换个方式表述就会有不一样的效果，下面的六招就是教你如何提高别人答应你请求的概率。

1.在请求前面加个称呼

有一些人经常在微信中群发消息，希望别人帮忙投个票或者帮忙点个赞。其实投票、点赞都是举手之劳，但是你连个称呼都没有，仅仅群发一条消息，不好意思，是你的请求太容易还是我的帮助太廉价？如果你在请求前面加一个称呼，就会让人觉得更有诚意，也会大大提高别人帮忙投票、点赞的概率。

称呼给人一种特殊的感觉。这跟在微博提示别人是一个道理，一般情况下你发个微博，对方不一定会回复或者评论，但是你一旦提到了对方，他自然会额外关注一些。

2.把请求的事情变成具体的动作

譬如我的新书出版了，需要认识的朋友帮忙宣传推广，这个时候，如果含糊笼统地跟他们说"我的新书出来了，支持一下哈"，对方虽然答应了，但他们并不知道到底应该怎么支持。在我的微信朋友圈点个赞是支持，买一本我的书是支持，告诉身边的同学也是支持，但显而易见，这些支持都起不到效果。当你的请求含糊笼统时，对方即便答应了你的请求，效果也是微乎其微的。

把支持变成具体的行动，譬如帮忙转发微信朋友圈并加几句评论，转发微博"艾特"身边的"90后"好友，只有你告诉对方具体需要做什么，帮助才能达到应有的效果。

3.在具体的请求前面加一句"因为……"

《影响力》里面提到了一个名词——固定行为模式，这种行为模式是盲目而机械的。在动物界中，雌火鸡会因为录音机发出"叽叽"声，把臭鼬当作自己的孩子收拢到翅膀下。也就是说，

"叽叽"声是触点，触发了雌火鸡保护幼崽的本能，而人类也有相似的自动反应模式。其中一个反应模式就是，我们在请求别人帮忙的时候，如果能给出一个理由，成功率会大大提高。不管是什么原因，只要你说出"因为"，请求成功的概率就会变得更高。

你准备打印论文，发现前面有一长串的人在排队，然而你必须在上课之前把论文交到老师手里，这个时候你需要请求前面的同学让你先打印。如果你说"同学，能不能让我先打印一下"，对方根本不会理你。但如果你能简单地陈述自己需要优先打印的原因，"同学，因为我必须要在上课之前把论文交到老师手里，所以能不能让我先打印一下"，对方就很可能愿意让你优先打印。有时候即便你的理由都不能称为理由，"同学，因为我很急，所以能不能让我先打印一下"，效果也比没有理由要好。

4.互惠原理

想让别人帮助你，先要给别人帮忙。根据互惠原理，当你帮助了别人后，对方会产生一种亏欠心理，这时候你再向对方提出请求，对方更愿意答应你。

照毕业照的时候，我看到别人买了气球，想借对方的气球照几张相，于是我就走过去，用单反帮他们拍了几张照片，然后再提出"同学，能借我几个气球拍张照吗"，对方也欣然同意了。

很多事情都是这样，你平白无故请别人帮忙，对方或许会觉得唐突甚至过分。但你在给予他人帮助后，对方就很难拒绝你的请求了。

5."拒绝—退让"原理

"拒绝—退让"原理是互惠原理和知觉对比原理的叠加，互惠式让步就是当别人因你而让步时，你也有义务做出让步的选择。知觉对比原理指的是人们对事物的评价是建立在与其他事物的对比之上的，当比较的对象发生了变化，人们就会对同一个事物产生不同的评价。

根据上面的原理，如果你想让别人答应你的要求，可以先提一个更大更过分的要求。例如你只想向对方借50元，你可以先问对方"能不能借我500元"，对方如果拒绝，那你可以紧接着提出自己真正的要求，"既然这样，借我50元总可以吧"。对方在听完500元的数字后再听到50元，在知觉对比原理的作用下，就会觉得50元只是个小数目。而且你已经从500元让步到了50元，对方会觉得自己也该为此让步，同意借钱给你的概率就大大提升了。

6."登门槛"效应

"登门槛"效应是指以小请求开始，最终使他人答应更大请求，"帮人帮到底，送佛送到西"就是这个道理。我们的自我认知源于自己的行为和别人的评价，我们在帮助一个人时，会产生"我是一个乐于助人的人"的自我认知，如果对方在这个时候提出其他请求，我们更愿意选择继续帮助他。每个人都有保持言行一致的愿望，如果拒绝他人的请求，就会显得"言行不一"，也会影响到对自我的认知。

乍看起来"登门槛"效应似乎和"拒绝—退让"原理互相矛盾，实则不然，关键点在于两者的真实目的是不一样的。后者是故意提出一个大的要求，真正的目的是想让对方答应小的要求，而前者则是先让对方帮一个轻而易举的小忙，真实目的却是让对方答应帮一个大忙。

所以说，很多时候你的请求被拒绝，或许不是别人不愿意帮你，也不是你的要求太过分，只是你没能运用恰当的请求方法罢了。

不会利用"带宽"管理工作，还谈什么"开挂"

......

你是不是一到月末就开始焦虑，面对房租、水电燃气费、信用卡催账单、蚂蚁花呗、京东白条，你后悔不迭。你不停地责备自己不该在月初刚发工资的时候冲动购物，大手大脚……可如今你只能拆东墙补西墙，甚至干脆把自己买了没多久的 iPad（平板电脑）低价卖掉填补窟窿……

总觉得时间不够用，连蹲厕所的时间都恨不得用来给客户发邮件……现实却是越忙越乱，一旦出错，需要花费更多的时间去填补……

你是不是经常加班，却总是觉得时间不够用？

明明第二天有一个重要的会议需要准备方案，却发现本该上周完成的工作还没做好，截止日期刚好是今天，敷衍着完成了上周的工作，上司却又指派了新的任务，还要求今天必须完成，你筋疲力尽地完成了上司交代的任务，一抬头，天黑了。

熬着夜也要把方案做完，第二天却发现错误不断，会议结束后不得不花费更多时间去修正……

就像上学的时候，因为前一天偷懒没有做作业，以致第二天在数学课上补语文作业，语文课上补英语作业，回到家该做作业的时候却因为没听讲，花费大量的时间摸索自学。

时间似乎总是处于一种"稀缺"的状态，而现在所做的事情也总是在弥补之前没完成的工作。

"鸡汤文"安慰你一切都会过去，事实上这种情况很难结束，你只会越来越穷，越来越忙。你以为获得一笔意外之财或者一天变成48小时，情况就会好转。不会的，因为这种状态与钱和时间无关，关键在于你在不知不觉中掉入了稀缺的陷阱里。

在《稀缺：我们是如何陷入贫穷与忙碌的》一书中曾提到过一个词叫作"带宽"。如果把人脑比作一台电脑，那么"带宽"就是电脑接收、处理信息的速度。当后台运行的程序太多时，电脑的速度就会变慢，人也一样，当大量的琐事占据了"带宽"，工作就会变得没有效率。

如何理解"带宽"？

"带宽"体现在两方面，即认知、处理信息的能力和执行力。

一个人的"带宽"是有限的，当大部分"带宽"被某件事情占用的时候，剩下的能分配给其他事物的"带宽"就会减少，个人的认知能力、处理信息的能力和执行力也会因此降低。

1."带宽"是有限资源

当你没有足够的钱缴纳下一季度的房租时，你即便希望自己把注意力放在工作上，却发现自己依旧难以摆脱缺钱带来的种种念头。这种由缺钱带来的焦虑占据了你的大量"带宽"，从而导致你在做一些真正重要的决策时因为"带宽"不够，做出一些在近期可能会带来收益，但是在未来必将带来问题的决定。

2."带宽"不足会降低效率

很多人在工作时，写文案也好，做方案也罢，只要手机响起，就会停下手头的工作，第一时间回复那些繁琐的小事。有的信息可能是你妈妈想让你在淘宝上帮忙买件衣服，有的信息或许是同事向你咨询一些不太紧急的事情。在选择回复消息的时候，你的思路必然会被打断，你需要花费更多的时间才能把思路接上，重新进入状态。

当"带宽"被各种繁杂的事情占据时，工作效率就会降低，本来写方案只需要一小时，因为你总是被各种小事打断，结果两个小时才做完。"带宽"不足在降低效率的同时，还会使人健忘，导致频频出错。

3."带宽"不足会造成思维短视

刚刚毕业的你决定不再伸手向父母要钱，但是在北上广这样的大城市里，衣食住行都不便宜，如何养活自己成了首要的问题。

这个时候有两份工作摆在了你的面前：一份月薪一万元，但你并不喜欢这份工作，发展前景似乎也不太光明；另外一份月薪六千元，只够温饱，却是你喜欢的工作，你既能接触到牛人大腕也有更多机会锻炼自己。这个时候，你会如何选择？

人在稀缺和富有时，往往会做出不同的决策。一个人在急需用钱的时候，往往会选择薪水更高的工作，而不考虑这份工作给自己带来的长期收益。处于富足状态时，人们考虑事情就会更加全面，能够牺牲眼前的利益去等待未来长期的回报。

如何管理"带宽"？

1.保持空闲

应对"带宽"不足的问题，最重要的方法就是保持空闲。当后台运行的程序太多，最直接有效的方法就是关掉运行的程序。在工作中一旦"带宽"不足，我们需要做的就是想办法让"带宽"有空闲。

2.杜绝多任务进行

很多人习惯在工作中同时进行2至3项工作，以为这样做会提高效率，然而事实恰恰相反。你一边写稿子，一边回复同事的消息，一边整理数据信息，三件事同时进行往往会比分别处理这些事情占据更多的"带宽"，花费更多的时间。

最有效的方法就是，一次只做一件事。

按照重要性和紧急性两个维度将当天要做的工作划分到4个象限中，即重要紧急的事、不重要紧急的事、重要不紧急的事、不重要不紧急的事。把上午"带宽"最充足的时间留给重要紧急的事。

一旦你将工作任务按照重要性、紧急性进行排序，接下来要做的就是一件一件完成，相信我，这比同时操作几项工作要高效得多。

在执行单个任务的过程中，我们需要做的就是断绝干扰，即便听到微信上有人发来信息，也要专注于当下的事情，忍住回复的冲动。

3.预见性工作提前做准备

工作中有很多事情是可以预见的，拿新媒体行业来举例，可以预见的事情就是每年固定的传统节日、名人逝世的日子、国际电影节等。媒体人不会等到节日当天才着手写稿，他们提前一个星期甚至更久便开始准备，这样到了节日当天即便有其他任务也不至于手忙脚乱。

在工作比较空闲的时候，合理使用空余"带宽"，将可以预见的事件提前处理，这样就能避免忙碌时出现"带宽"不足的情况了。

工作时不怕忙碌，怕的是瞎忙。不会利用"带宽"，永远只能低效率工作。

越聪明的人，沟通路径越短

我常常在微信上遇到问"在吗"的人，每次看到这句话我就没有了回复的冲动。因为我既没工夫回复你"在，请问有什么事吗"，又不愿多花一个步骤听你说出前因后果。

在这个快节奏的时代里，每个人的时间都很宝贵，别人真的没有那么多时间和你闲聊。特别是在工作的时候，有事直接说，不浪费别人的时间，是一个职场人应该具备的基本素养。

通常来说，沟通路径越短越容易达成目的。

什么是沟通路径?

人们在沟通的时候，往往是带着目的的，我们把从沟通的起点到沟通的终点之间所花费的时间、步骤、过程等叫作沟通路径。

沟通路径不是单向的，而是双向的。

沟通的一个完整的循环是发出信息—信息传递媒介（微信、

电话、见面）—接受信息—理解信息—反馈（发出）信息。经过多次的沟通循环之后，人们就完成了沟通。沟通路径并不是固定的，对于同一个目标，不同的人所花费的时间和步骤都是不同的。

举个例子，添加微信请求文章授权的一般分为两种人，第一种人这样沟通：

"在吗？"

"在，请问有什么事吗？"

"我很喜欢你上周六推送的文章，看了特别有共鸣。"

"嗯，哪篇文章？"

"就是好奇心那篇。"

"哦，那篇啊。"

"想问一下，能不能授权给我呢？"

"可以，请问公众号是？"

"××。"

"ID呢？"

"××。"

"好的，添加好了告诉你。"

……

第二种人：

"你好，我是×××，请问能转载你的一篇关于好奇心的文章么？我们的公众号是×××，ID是×××，我们会按照要求注明作者及公众号信息。我们准备在后天推送。谢谢。"

"开好了。"

同样是为了文章授权转载，第一种人花了六个来回才达到目的，而第二种人，只花了一个来回。显而易见，第二种人的沟通路径小于第一种人。

缩短沟通路径不仅能节省对方的时间，使对方一目了然，不用再多费口舌询问其他信息，同时也增强了对方帮助自己达成目的意愿。

怎样才能缩短沟通路径呢？

1. 注重信息的精简性

多余的信息会掩盖传达的重点。

在工作中，一个人说很多废话，只会模糊沟通的重点，使对方不知道你想要表达什么。把与目标无关的多余信息删掉，只留下最核心的信息，有利于对方清晰地了解你的诉求。

和人沟通的时候，特别是工作中，我们必须知道每个人的时间都很宝贵，为对方呈现一目了然的精简信息，更有利于达到自己的目的。

2.保持预见性思维

普通人之间的沟通路径是A—B—C—D—E—F—G，一步一步按部就班，而聪明人之间的沟通路径则是A—D—G，省略了中间不必要的沟通步骤。

想要做到预见性沟通，必须要有预见性思维。除了知道自己下一步该做什么，还要预见对方的反应和行为，并就此调整自己的话术和节奏。

就像下棋的时候，有的人只能考虑下一步该怎么走，而有的人从第一次落子开始，便想好了接下来的几步，以及对手又会怎么应对。

一个人思维越快，沟通路径也就越短。

3.注重表达的准确性

含糊笼统的表达，会使沟通效果大打折扣。

大概、可能、或许、这两天……这些都是语意不明的词语，在沟通中，除了描述无法确定的事项，要尽量以准确的信息替代语意不明的词语。

"几天以后"不如"3月1日"来得精确，"等一会儿"不如"等五分钟"来得精确。

做什么，怎么做，什么时候做，都要用准确的语言来表达。你把要求说得越具体越清楚，对方就越容易按照你说的做，如果只是根据一句模糊笼统的话，对方在执行操作的时候，很容易出现偏差。

不要把朋友间的随意沟通用在工作中，这样做不仅浪费了别人的时间，增加了沟通成本，也降低了沟通效率。把沟通模式化，选择最短的沟通路径，才能在工作中做到专业化和效率化。

第三章

人际关系，创造你的命运共同体

缺乏个人边界，是你屡屡被"侵犯"的原因

在工作中，你是不是经常在同事的拜托下做一些不属于自己职责范围内的事，一不小心就答应帮同事做个PPT、想个方案，以至于经常加班到很晚。

上司总爱在休息时间找你，你不得不时刻准备着回复对方，有时还要帮上司处理一些私人事情。

不管是同事还是上司，都在工作上"侵犯"了你，他们提出了许多不正当的要求，让你做了很多不该做的事。

虽然不情愿，但是出于不愿得罪上司、同事的心理，你还是会应承下来，然而这些人却并不会因为你的付出而停止，反而会变本加厉地继续找你……

为什么同事不找别人帮忙，偏偏只找你？只是因为你PPT做得好吗？为什么上司在休息时间不找其他人？仅仅是因为你尽职

尽责，工作认真吗？

你之所以有此遭遇，或许不仅仅是因为你的上司、同事欺人太甚，还因为你"过度柔软"，缺乏个人边界，让人不由自主就会"侵犯"你。

什么是个人边界?

个人边界是指一个人所建立的准则和限度，以此来区分什么是合理的、安全的，什么是能够被允许的，以及当别人越过这些界限时自己应该如何应对。

在职场中，一个缺乏边界感的人，往往会被上司、同事"侵犯"，违背自己的本意做一些职责范围之外的事。这些人为了维护与上司、同事的良好关系，无法拒绝对方的请求。

通常，个人边界有四种不同类型的风格：

1.刚硬型

一个拥有刚硬型个人边界的人，给人一种"硬邦邦"的感觉，难以靠近。

2.柔软型

柔软型个人边界的人，容易被人影响、操控，很难拒绝别人不正当的、过分的请求。

3.海绵型

拥有海绵型个人边界的人，往往比较矛盾，是刚硬型和柔软型的结合。

4.灵活型

灵活型个人边界的人，能够自如地掌控自己的边界，不会"侵犯"别人也不容易被别人"侵犯"。

什么样的人缺乏边界感?

1.拥有低自尊、低价值感

通常，那些在职场中为了和上司、同事维持良好的关系，违背自己的本意去做职责范围以外事情的人，往往拥有较低的自尊。他们时刻有种"欠缺感"，认为自己的工作能力不足，需要用其他事来弥补。他们每天都过得小心翼翼，担心拒绝了同事、上司的要求就会导致工作不保。

一个在工作中拥有核心竞争力、能够创造价值的人，不会刻意讨好别人，做自己不愿意、不应该做的事，他们觉得做好自己的份内工作，才是正事。

2.太在乎别人的看法

大五人格理论认为，人格特质由神经质、外倾性、开放性、宜人性、尽责性五个维度构成，神经质得分高的人，对别人的情绪更敏感，也更在乎别人对自己的评价。

人是社会性动物，需要通过观察别人的态度来调节自己的言行，确保自己的行为得当。太过在乎别人的看法，往往会导致一个人失去自我，忽视、违背自己的本意，答应对方不正当的要求，以此来换得他人的喜爱和认同。

1.树立原则和底线

明确什么是你不能接受的，找到自己的底线，并且确定底线的可调节范围。如果你不喜欢加班，尤其不喜欢周末加班，那么可以以此为底线，给自己定下不加班的原则。当然了，如果在自己的职责范围内遇到特殊的情况，该加班还是要加班的。

如果不管什么情况，都一味地坚持底线，会让人觉得不近人情，不懂变通。给予底线一个可调的范围，才是理想的个人边界。

2.表明态度

有时候，生气也是一种态度。当对方提出了过分的要求，不用装出一团和气的样了，把不满表现出来，让对方发现你生气的信号，进而让对方知道你的底线在哪里。

　　如果你一直都是笑呵呵的样子，不生气也不拒绝，对方不知道你的底线在哪里，就会不停地提出过分的请求。一旦你表明了底线，你的同事、上司便不会轻易做出"踩线"的举动。

　　你的态度决定了别人的态度，建立原则和底线才是在工作中保护自己的最佳方法。

21世纪你需要具备好奇心

....

你是不是一个缺乏好奇心的人？去外面吃饭只点自己吃过的菜，不管待在哪个城市，只会在以家为圆心辐射半径为一千米的范围内活动；只和自己熟悉的人交往，从不参加有陌生人的聚会，即便陌生人是朋友的朋友；不想了解别人，也很少和陌生人主动交谈。

固定模式下的生活很少有新鲜事发生，虽然缺少了新奇和刺激，但是和自己熟悉的一切度过每一天，也会让人有种莫名的安全感。

没有好奇心看起来好像也没什么大不了的，不过是去过的地方少一点点，朋友少一点点而已。

但你不知道的是，失去好奇心会让你的信息库长期处于停止更新的状态，还会让你失去对生活的激情，最重要的是，它会让你在不知不觉中错过很多机会。

为什么有的人总是有问不完的问题？为什么这些人对所有陌生的事物都充满着兴趣？为什么他们拥有好奇心？

根据大五人格理论，可以将人的特质分为五个方面：神经质、外倾性、开放性、宜人性、尽责性。

通常来说，在外倾性和开放性上得分较高的人，拥有更强的好奇心。

外倾性代表人际互动的数量和密度、对刺激的需要以及获得愉悦的能力。

外倾性得分高的人通常也喜欢寻求刺激，厌倦枯燥、一成不变的生活。因此他们更喜欢打破熟悉和已知，喜欢寻求新奇的事物，以获得心理上兴奋和愉悦的感觉。

而开放性是指一个人对陌生情境的容忍和探索能力。开放性得分高的人，愿意尝试新鲜的事情，去新的地方，吃不寻常的食物。他们更喜欢新奇的、具有多样性的事物，而非熟悉和常规的事物。

依恋模式中安全依恋类型的人更容易拥有好奇心。

根据成人依恋理论可将成人的依恋模式分为安全型、多虑型、超脱型和恐惧型。

一般来说，安全型的人会觉得自己被爱着，认为自己处于安全的状态，并且更有自信，因此在进入陌生的环境，面对陌生的事物时，更愿意去探索和尝试，而不是拒绝、排斥，甚至恐惧。

好奇心如何影响我们的生活？

1.对未知事物充满好奇能够提升人的自主驱动力

一个人在做一件事时必然有其动机，而动机分为内在动机与外在动机两种。

内在动机是由人内部引发的动机，即好奇心、欲望、爱等。外在动机是由外部原因引起的，可以是公司的绩效考核，也可以是别人的期望等。

相比于那些因为外在动机而学习、工作的人，拥有内在动机，即拥有自主驱动力的人不管是在生活中还是工作中都更主动、高效，更容易获得成就感。

工作中一般有两种人，一种是为公司工作的人，一种是为自己工作的人。前者是为了拿薪水、应付公司的绩效考核而工作的。后者是为了提升自己、证明自身的价值而工作。

这些为自己工作，拥有自主驱动力的人会把工作视为自我价值的一部分，为了证明自己的价值，达到自己制订的目标，他们

希望把工作做到尽善尽美，对自己有着严格的要求，绝不会敷衍
了事。

拥有好奇心的人，就像是在身体内安装了一台电动小马达，
他们能够快速学习、吸收未知的知识和技能，从而不断取得进步
和提升。

2.在亲密关系中，拥有好奇心的人更容易与伴侣长期保持激情

在亲密关系中，激情与陌生和未知的感觉相关。一个人拥有
越多你不了解的方面，你便越容易对对方产生激情，当你了解得
越来越多，你对对方的激情就会随之递减。因此，激情在某种程
度上与陌生、未知的程度成正比，与熟悉、已知的程度成反比。

很多情侣会因为熟悉彼此而不再充满激情，去熟悉的地方吃
饭，去熟悉的影院看电影，周末去熟悉的商场逛街……生活变得
平淡而枯燥。

拥有好奇心在一定程度上能够增加两个人的激情，好奇心强
的人擅长带着伴侣去体验生活中不同的事物，打破固定的生活轨
迹，为循规蹈矩的生活带来新鲜感。

跟好奇心强的人做伴侣，很少会觉得生活无趣，因为每天都
有惊喜和期待。

3. 拥有好奇心能够帮助你与陌生人快速建立联系，形成"弱关系"

你身边是不是总有一种人，不管是和出租车司机、卖菜大妈还是饭店服务员都能很快建立起联系，侃侃而谈。这种联系的建立并非是没话找话，而是源于对陌生人强烈的好奇。

《引爆点》一书中提到了一种人——联系人，这种人交际广泛，朋友众多，认识各行各业的人。

而联系人拥有的一个重要特质就是有着强烈的好奇心。他们交朋友的动机不是为了扩展人脉，也不是因为工作需要，而是出于对这些人强烈的兴趣，他们好奇朋友们是什么样的人、从事什么样的工作、有过什么经历等。

联系人和普通人相比不仅拥有更多朋友，而且朋友的类型也更为复杂。一般而言，普通人的朋友大都是上学时的同学，或是工作后同行业的人。而联系人的朋友们却涉及各行各业，也因此他们总是有讲不完的朋友们的故事，一个比一个传奇，一个比一个"奇葩"……

当你和朋友的重合度很高时，虽然较高的相似性使你们很少产生矛盾，但很高的重合度也意味着你们获得的信息更相似，你知道的他也知道。

当你和朋友之间的重合度较低时，你们往往有着不同的成长经历，处于不同的行业。聊天的时候，你们都能获得大量的未知的信息，在增加彼此信息量的同时，通过了解不同成长背景的人的不同经历，也能拓宽自己生命的广度。

这些不甚熟悉的、身处各行各业的朋友和你之间的关系便是所谓的"弱关系"，相较于"强关系"，在你求职或者面对生活中的重大转折时，"弱关系"更能给你带来新的机会。

一个拥有好奇心的人，也就拥有了源源不断的能量去尝试、探索和学习。

某种程度上说，拥有好奇心才是一个人最大的竞争力。

为什么有的人就是不会好好说话？

生活中我们经常会遇到这样的人，不说话则已，一说话你就想让他赶紧闭嘴。不好好说话的有两种人：一种是知道怎么说话，但是不想好好说，这种情况暂不讨论，另一种是想好好说话，却不会说，这正是我们需要解决的问题。

所谓的会说话并不是拍马屁，捧高踩低，也不是油嘴滑舌，满嘴"跑火车"，会说话的人指的是能够让人愿意听他说话，而且让人心情舒畅并有所收获的人。

其实，做一个会说话的人并不难，无非需要掌握两个技能：一个是有同理心，即换位思考的能力，另一个是懂得运用恰当的表达方式，即用恰当方式把同理心转化为语言。

很多文章都在讲同理心，情商高需要同理心，会说话也需要同理心，但大多数文章只是举一堆有同理心的例子，很少会教我们到底怎样做才能增强同理心。

同理心和一个人的认知复杂度有关，有的人能够站在不同的立场和角度思考并解决问题，也有的人天生单线条，只能从自己的角度出发想事情。《沟通的艺术》里提到的"枕头法"就能帮助我们提高认知复杂度。"枕头法"就是在我们处理矛盾时，要站在五种立场上分别进行思考：1.我对你错；2.你对我错；3.我们既是对的也是错的；4.其实这件事情不重要；5.以上四个立场都有道理。通过强迫自己从以上五个维度出发进行思考，增强我们的认知复杂程度。

举例来说，因为室友熬夜玩游戏影响到你睡觉，你和室友吵架了。就这件事情，进行五种立场的思考。

1.我对你错

深夜本来就是睡觉的时间，打游戏影响别人休息本来就不对。

2.你对我错

每个人都有自己的权利和自由，晚上干什么，睡觉还是打游戏，是每个人的自由。

3.我们既是对的也是错的

我有充分的理由要求我的室友不能在深夜打游戏，但我的室友也有选择自己的作息安排和生活方式的权利。我不应该用强迫的语气命令室友不要打游戏，我室友也不应该在打游戏的时候完全不顾忌会影响到别人。

4.其实这件事情不重要

我认为深夜打游戏这件事不会改变室友和我的关系，因此把这件事情闹大是不值得的，它在情感上造成的伤害远远超过这次小风波带来的伤害。

5.以上四个立场都有道理

从不同的角度分析这次事件让我冷静了下来，最终室友同意在晚上12点后不玩游戏，即便玩游戏也会带上耳机。

另一个提升同理心的"黄金法则"是，我们要像对待自己一样对待别人，即按照你所希望被对待的方式对待别人。但是当你和他人希望被对待的方式不同时，这条法则就不怎么管用了。

这时就要参考"2.0版"的"白金法则"，即按照别人希望被对待的方式去对待别人。这就需要我们了解别人的想法和需要是什么。

光有同理心是不够的。即便你再怎么换位思考，可能也会败在一张笨嘴上面。下面我就给大家介绍如何恰当地进行表达。

《非暴力沟通》介绍了非暴力沟通的四个过程，即如何恰当地表达的四个过程，一是观察，二是感受，三是需要，四是请求。

1.描述自己观察到的情况

注意，描述的过程不要带有主观的词语，尽量避免使用"经常""总是"等模糊词语。依旧使用上面的例子，在和室友进行沟通时，不要说"你总是晚上玩游戏玩到很晚"，这种说法会引起对方的反感，"我哪有总是，昨天晚上就没有玩好不好"，正确的表达方法是"一周里有三四天你玩游戏都会玩到深夜2点"。

2.表达自己对这件事情的感受

需要注意的是不要把情绪产生的根源归咎到别人身上，我们要明白自己要为自己的情绪负责，自己的一切感受实际上都是源于自己不被满足的需求。例如不要说"你让我很苦恼"，因为这样表达暗含着对对方的指责，恰当的说法是，"我有点苦恼"。

3.表明自己的需要

要清楚地向对方表明自己需要什么，例如告诉对方，"我需要充足的睡眠"，或者"我需要在睡觉的时候保持安静"。

4.向对方提出自己的请求

说出自己的请求时一定要具体，且不要用命令的语气。假如你对室友说"不要玩游戏玩到那么晚"，对方并不清楚那么晚到底是多晚。此外语气太过强硬会有一种强迫感在里面，容易引起对方的逆反心理。因此你可以这样提出自己的请求，"你玩游戏能不能不超过12点"。

最后我们集合上面的关键要素，正确的表达应该为：我注意到一周中有三四天你玩游戏都会玩到深夜2点。我有点苦恼，因为我需要充足的睡眠。如果可以的话，你玩游戏能不能不超过12点？

其实很多矛盾并不是解决不了，只是因为你不好好说话，引起了对方情绪的对立。当对方产生对立的情绪后，即便你提出了不错的建议或简单的请求，对方也会拒绝。

学会求助是转化为成熟职场人的重要一步

学生时代，最重要的就是成绩，作为学生好好学习，尽力答题，凭借自己的努力就能做好一切，因为你的成绩直接由自己是否用功来决定。

走入职场后你会发现，如果还像学生时代一样，全靠自己一个人努力，不仅会孤立无援，而且会事倍功半。从考场到职场需要做出许多转变，其中很重要的一项就是学会求助。

《奇葩说》中的罗振宇曾经说到，职场不同于考场，因为在职场里你是可以"抄"的。

即便你已经在自己的专业领域做到了极致，依然会有很多项目和工作是一个人单打独斗无法完成的，这些工作需要客户、上司、同事的配合和支持，你的工作成绩不仅仅由你个人来决定。

求助，是职场中必不可少的一项技能。

1.求助是同事之间的润滑剂

很多人对求助有着认知误区，觉得向别人求助就等于承认自己"无能""虚弱"，而且下意识地觉得求助会打扰到别人。

事实上，当你仔细观察就会发现，身边那些和各个部门的同事都能打成一片的人，往往也是擅长向同事求助的人。

从心理学角度看，我们更喜欢我们帮助过的人，这是因为帮助别人可以提升自我认知。向对方提供支持和帮助，能够有效地提升自我认同感。你向他人求助，也就证明了你对对方专业性的认同。所以说，适当的求助并不会让人感到厌烦，反而会让对方发现自己的价值所在。

从人际关系上讲，求助能够让人走出孤岛困境。与他人建立起联系，让陌生人变成朋友，我们可以用求助来进行初次破冰。求助是一个与人建立联系的端口，它提供了一个理由，让你踏出认识陌生人的第一步。

求助不是单方面的行动，在求助后，表达感谢是必要的步骤。同事帮了你，你可以请他吃饭、喝茶，当他需要求助时，也会想到你。在帮助与被帮助之间，两个人建立起了良性的双向互动。

2.求助能够提升整合资源的能力

当你需要别人的帮助时，你首先要知道应该向谁求助。你需要知道谁能帮你解决特定的问题，需要配合时可以让谁提供支持。

就像你不可能去麦当劳要草莓圣代，去肯德基问服务员有没有麦辣鸡翅。

有的项目需要多个部门互相配合，这个时候需要求助的对象往往是不同部门的多名同事。你需要提前弄清每个人能够提供什么样的帮助，还要知道对方想要什么，你想获得什么，你们共同的利益点在哪里，这样合作才能顺利。

这就要求你能够站在全局的角度思考，清楚整个项目的流程、环节、节点。

一个擅长求助的人，不会见人就喊帮忙，他知道什么样的问题该找哪些人帮忙，也知道如何让对方提供帮助。

3.求助能够提供让你达到目的的快速通道

求助的目的就是快速解决问题。"快速"意味着节省时间，明明需要2小时查找资料，因为选对了求助对象，5分钟就搞定了这些难题。

我们在遇到问题时，正常的步骤是一项一项按顺序解决，就像是在机场登机时，你需要排队等候。求助就像给你提供了一个快速通道，在你赶时间的时候，让你不用排队等候。

很多人对"捷径"有误解，认为走捷径就是投机取巧，是不能脚踏实地的表现。其实捷径还有另一层含义，那就是方便、快捷。

如何求助?

1.思考之后提出求助

不是一遇到问题就要求助于人，经过思考再去寻求帮助，才能得到真正的帮助。一个可以靠百度搜索解决的问题，你就不要请教别人并让别人停下手头的工作告诉你。难道只有你的时间重要，别人的时间就一文不值?

请求帮助的最基本要求就是认真思考过这个问题。人们喜欢向自己求助的人，却讨厌什么都问的"伸手党"。就像在中学时代，你更喜欢和那些思考后真正有疑问的同学做朋友，却不会和把你的作业本拿去3分钟抄完的人成为兄弟。

2.清楚表达自己的诉求

很多人在求助时，浪费了太多时间在铺垫上，这样做不仅使对方难以了解你的诉求，也会消磨对方的耐心。

3.金字塔原理

根据金字塔原理和结论先行的原则，我们最好先提出需要对方做什么，再阐述具体的前提和情况。如果你需要跨部门同事的配合，可以说"Jane，能帮我设计一下栏目LOGO（标志）吗？因为我们部门的设计师这两天请假，我们想要设计一个和栏目定位相符合的LOGO"。

4.4W原则

广告行业中，客户常常会给文案、设计人员一份创意简报，创意简报越清楚详细，就越有利于设计出符合客户要求的作品，后期更改的次数也会更少。

创意简报其实不仅适用于广告行业，也适用于其他行业和工作。一份合格的创意简报通常都会遵循4W原则。

What：你需要对方做什么。When：对方什么时候交给你。Where：要求的背景、具体情况。Who：针对的用户。

参考资料：×××

举例来说，当你设计一个栏目的LOGO时，可以遵循上述原则写一个简单的创意简报。What：为新栏目设计一个栏目LOGO。When：4月25日之前上交初版设计。Where：栏目是视频栏目，希望加入电影的元素，栏目定位是文艺，希望颜色采用浅色……

Who：面向年龄在18—25岁的大学生、白领。

参考资料：××公众号的××栏目LOGO，见附件。

一次有效的求助，必须要让对方清楚自己需要提供什么样的帮助。求助的事情越是明确，越有利于提高求助的成功性。

5.实时反馈

向别人提出了求助后，你需要向对方实时反馈进展情况，不能提完了请求就没有下文了。

"Jane，之前拜托你帮忙设计的栏目LOGO太棒了，很多人在后台留言说很喜欢呢，真的是太感谢了！下次如果还有这方面的需要，希望也能够和你合作！"

即便是请别人帮了个小忙，在对方帮忙后表达感谢并且说一说事情的进展，不仅会让对方觉得你懂得感恩，也能为你的下次求助做铺垫。

作为独生子女，我们从小到大没有兄弟姐妹的陪伴，我们学习的是自己的事情自己做，然而独立的背后，恰恰是合作精神的匮乏。学会求助，才能够让你在职场生涯中更进一步。

会"发脾气"是成熟职场人应具备的素养

工作中，总会遇到这么一种人，不管对谁他都笑脸相迎，遇到不公平的事情或是同事把本该自己做的活推给他，也不会发脾气。

因为要替别人着想，所以只能委屈自己。这个同事让做个图，那个同事请求写段文案，自己的事没完成却总在给别人帮忙，最后只好默默加班……

为什么有的人在工作中不敢"发脾气"？

1. 太在乎别人的想法

在大五人格理论中，神经质得分较高的人，往往拥有较强的自我意识：他们过于在乎别人的看法，拥有较强的羞耻感、尴尬感，因此会根据别人的态度随时调整自己的行为。

对于很多人来讲，"拒绝"和"发脾气"都是很困难的事。同事想让你帮他做个图，上司想让你帮忙做工作以外的私事，你为了在同事、上司的心中留下良好的印象，尽管内心十分不情愿，也不会显露出来，提出拒绝。

太在乎别人想法的结果就是自己会很累。而且同事和上司的请求会越来越频繁，如果你某一次没答应，他们反而会觉得你不够意思，否定你之前做的所有事情。

2.自我价值感低

马克思认为，人的价值体现在一个人对自己、他人及社会需要的满足上。一个人无法在工作中创造价值的结果就是，极为看重和同事的关系。他们总是担心一旦得罪了人，就会导致自己的工作不保。

根据补偿心理，当一个人在工作中无法发挥等量的价值时，就会从其他方面弥补这一缺陷。譬如用讨好自己的上司、同事来弥补工作上平庸的表现。但是他们忽略了一个事实，工作中和上司、同事保持良好关系的目的是为了更好地沟通，帮助自己更顺利地开展工作。如果自己无法在工作中创造价值，和上司、同事的关系再好，也无法对升职加薪有帮助。

3.缺乏边界感

在维基百科的定义中，个人边界（Personal boundaries）是指个人所创造的准则、规定或限度，以此来分辨什么是合理的、安全的，别人如何对待自己是可以被允许的，以及当别人越过这些界线时自己该如何应对。

个人边界通常分为四种类型，其中的柔软型、刚硬型和海绵型都是不健康的，只有灵活型是健康的个人边界。

一个人缺乏明确的个人边界，就会在别人侵犯自身利益时不知道应不应该生气，在别人提出了过分的请求时，不懂得恰当地拒绝。

如果在对方最初提出过分要求的时候没有予以恰当的拒绝和"发脾气"，在之后的相处中，对方就会越来越过分。

不会发脾气或许能和同事、上司维持暂时的和谐关系，人们也会觉得你是个好人。然而人与人建立长久关系的基础是双方平等，面对过分的请求笑脸相迎、不发脾气，长此以往总会被压垮进而大爆发。一个成熟的职场人，必须懂得在工作中"发脾气"。

怎样才能会"发脾气"？

1.注重自己内心的意愿

一个成熟的职场人不会是讨好别人而委屈自己的人，相反，他们关注自己内心的想法，不会违背自己的意愿做事。

比起考虑别人怎么看自己，会不会觉得自己不好相处，会不会在背后说自己坏话、排挤自己，成熟的职场人考虑得更多的是自己的感受：我会不会觉得不舒服？我是不是不喜欢这种做法？

会"发脾气"就是把关注别人的想法转移到关注自己的感受上来。面对过分的请求，考虑的主要是自己的感受，通过"发脾气"，引发别人对你的关注及尊重，让他人不敢欺负、怠慢你。

当然，注重自己的意愿不是随性而为，而是客观陈述事实，就事论事。

2.用恰当的方式表达感受

会"发脾气"不是让你给别人摆脸色，也不是让你用充满火气的语气和对方讲话。会发脾气要做到对事不对人，实事求是地表达自己的想法和感受。

《非暴力沟通》中介绍过一种方法，可分为以下四个步骤。

描述客观事实：将自己观察到的事物用陈述性语气说出来，避免使用评论、指责的话语。

表达自己的感受：将"你让我"的语句，变为，"我感到"。

解释原因、动机：解释自己为什么会产生这种感受。

提出请求：提出对对方的请求。

面对同事提出过分的请求时，可以采取上述非暴力沟通的四个步骤。

描述客观事实：这周和上周你都是在周末找我谈论工作上的事情。

表达自己的感受：这让我感到很困扰。

解释原因、动机：因为我希望自己能够好好地享受周末，不被工作打扰。

提出请求：你能在工作时间内把工作谈完么？

"发脾气"并不意味着断绝沟通，会"发脾气"的人通常善于把自己的感受和想法传递给对方，让对方产生同理心，达到良性沟通。

3.表明自己的底线

人与人之间的交往就是相互试探底线的过程。对方提出了过分的要求，譬如明明工作日可以提前交代的事情，偏偏周六才告诉你，需要你加班完成。那这时候，如果你心里不舒服，也忍着脾气，装出一副友善的样子，对方就不会意识到自己的问题，反而会长期让你在周末加班。

一个会"发脾气"的人不是不懂得控制自己的情绪，而是在向身边的人传递"我生气了"的信号，表明自己的态度，显示自己的底线。这样对方才会意识到自己过分了，从而收敛自己的行为，不敢轻易踩线。

你生气了，向对方传递了你的不爽，对方就会意识到自己行为的不妥，反省自己不该在周末打扰你。

一个人没有底线，无止境地退，别人就会变本加厉，无止境地进。

人与人之间最好的关系不是亲密无间，而是亲密有间。

4.创造价值

为什么在公司里，有人明明脾气很"坏"，同事却不敢惹他，上司也不敢开除他？

因为他在公司能够创造价值。

得罪人怕什么？别人还不敢得罪你呢。

如果和你在工作中有交集的同事，需要你提供各项援助，那么你不仅不用担心你会得罪人，需要小心注意的反而是对方。

即便得罪又如何？就如先前所说，工作的核心竞争力在于你的工作能力，而非你的人际关系。真正决定你能否升职加薪的也是你的绩效考核和工作结果，"拎得清"什么才是升职加薪的关键要素，才是成熟职场人的体现。

闷声不吭的软柿子会被人捏，学会"发脾气"，才能让自己硬起来。

你是谁啊，凭什么让我"秒回"？

不知从什么时候开始，"秒回"微信信息变成了现代社会的一项基本礼仪。别人给你发了微信信息，你应该及时回复，即便此时你正在忙别的事，一句"不好意思，我在忙"在很多人看来也是能够抽空打出来的。在一些人眼中，回微信信息只是一件需要动动手指那么简单的事情而已。

那些没有及时回复微信信息的人被认为没有职业素养，甚至缺乏责任心。手机怎么能没电呢？应该及时充电保持24小时开机，万一有人找你呢？看到微信信息不回却有时间发微信朋友圈，难道一点都不顾及等待回复的人的心情吗？

然而当你真的成了一个有责任心、有职业素养，能够"秒回"微信信息的人时，你会发现，自己很难再拥有完整的不被打扰的时间。

心理学上所讲的"心流"，是指人们完全沉浸在某件事情中所体验到的一种精神状态。一旦全情投入，往往不愿被打断。

当你认真而专注地进行某一项活动时，你很容易达到"心流"的状态。如果你恰好在工作，工作效率和质量必然会大大提高。然而专注的前提是拥有一段不被打扰的完整时间。

"秒回"微信却要求一个人时时刻刻注意手机是否来了新消息，完整的时间被切割，工作的节奏被打乱，效率必然会降低。

例如你在写文案，刚刚进入状态想到一个不错的想法，却看见有人发微信信息，于是你要收住脑子里的想法，"秒回"信息。然而回复了信息，却怎么也想不起之前的想法是什么了。

做报表时，需要高度专注于一连串数据，最怕的就是出错。因为回复微信信息而多打了一个零，熬了一个通宵的工作成果就此报废。

有的人不回微信不是没看到，而是看到了故意不回。这些看起来没有礼貌，一点儿同理心也没有的家伙，其实只是为了保护自己专注的状态不被干扰。

不管你是在床上伸着懒腰，还是走在阳光明媚的大街上，手机都像是一个定时炸弹，让你时时刻刻都担心有人发来信息。

微信消息来了手机会震动，你想假装没看到，却又担心会因此耽误了工作，只好硬着头皮点开信息查看并回复。这个时候你只能中断放松的状态，收起惬意的心情，肌肉变得紧绷，脑子里全是密密麻麻的思绪。

即便是和朋友在影院看电影，你也不得不每隔十分钟掏出手机看看是否有新消息。口中的爆米花变得无味，影片讲了什么，你也一头雾水，只能机械地跟着周围的人发笑。

一个美好的假期应该是放松的，没有上弦的，不被打扰的。没有什么必须去做，也没有什么需要你马上去做。你可以早点起床看会儿书，起晚了也没关系。来得及就去影院看场电影，来不及就在家里宅上一天……

一旦假期被上了弦，需要时时刻刻绷紧，那也就不能被称为假期了。假期完全被"秒回"微信信息毁了，这种说法一点儿也不夸张。有的人却还以为只是回个微信信息这么简单。

有的人身体在坐牢，而你却是身体和心灵都在"坐牢"。

所谓"坐牢"，是指一个人被剥夺了某方面的自由，不能吃自己想吃的，不能做自己想做的。在你"秒回"微信信息的时候，其实就是把自己的心灵关进了"牢房"。

从何时起，你再也无法全心全意地享受一道美食，无法因一部电影而感动得热泪盈眶，无法沉浸在一本小说里不可自拔……虽然做着喜欢的事，却因为不能全心全意地投入而无法从中得到足够的享受。

你的精神时时刻刻处于焦虑中，以至于一分钟内五次打开手机查看有没有未回复的消息，你没办法真正地放松下来，即便做梦也是满屏的未读消息。

把自己关进了"牢房"却不自知。

那些要求别人"秒回"微信信息的人，似乎不知道还有一种礼仪叫作不在休息时间打扰别人。

那些理所当然地让乙方24小时等候的甲方，以为自己买断了别人的时间。他们缺乏不去打扰别人的自觉性，明明可以第二天做的工作偏偏要让对方当天晚上熬夜完成，明明可以提前告诉对方需要修改的要求却偏偏要拖到放假前才说。

那些无止境骚扰别人还嫌别人没有马上回复的人，有没有想过这是周末，是不是真的那么急，真的需要别人在周末加班完成？

有的时候不回信息是一种觉察，是对时间和自由的保护。屏

蔽一部分信息，允许自己不马上做出回应，才能更好地探索内心
并享受平和。

　　他人占用了我们太多的时间，以至于我们很少过属于自己的
生活。有时我们需要的恰恰是什么都不想，什么都不做。

工作中，为什么契约精神那么重要？

··

　　工作中，你是一个靠谱的人吗？你曾遇到过不靠谱的同事或者上司吗？

　　也许你有个不靠谱的上司，曾经承诺给你的升职、加薪，却一样都没做到；

　　明明按照他开会时的要求制订好了方案，结果第二天他又有了新的想法，一切都要推倒重来。

　　也许你有个不靠谱的同事，催了好几天的资料，过了约定时间还没给你；

　　明明分配好各自的任务，他却总是推脱，想让你顺便一起做了……

　　这种不靠谱的人在职场中并不少见，和他们相处会变得没有安全感，因为你无法相信对方的承诺，时刻准备着被放鸽子，特别是到了重要关头，他们常常会掉链子。

即便你和这个不靠谱的人私交不错，因为他的反复无常，你也会极力避免在工作上和他有来往。

有些人之所以为人诟病，并不是因为特立独行或者自私，他们被诟病的主要原因是他们在工作中缺乏契约精神。他们说话、做事随心所欲，说辞职就辞职，完全不考虑自己的工作由谁来接替；做错事的时候，不去想办法补救，而是两手一摊，"我就这样，你能拿我怎么样"，一副理直气壮的样子；不管工作多么紧急，只要在周末打扰到自己就一律关机……

工作中，一个人如果缺乏契约精神，不仅会给人不靠谱的感觉，也会失去更多的机会。没有契约精神的人，在职场上将寸步难行。

什么是契约精神？

契约的实质就是交易。它是商品社会的基础，在交易中，一个人付了钱，就应该得到等价的商品。契约将一个人的权利、责任、义务进行了明确的划分。

契约精神是普遍的社会观念。然而这种严格遵守契约精神的行为，在有些人眼中却是死板、不懂变通。

他们恰恰缺少这种契约精神，取而代之的是耍小聪明。一件事情，怎么方便怎么来，有捷径绝不走正道。

然而，越是在发达的城市，越是在制度完善的公司，拥有契约精神就越重要。

当我们在说一个人"靠谱""守信""有职业素养"时，其实就是在说这个人有契约精神。而"不靠谱""掉链子"往往都是缺乏契约精神的体现。

为什么契约精神很重要？

1.契约精神是人与人合作的基础。

古时候，人与人之间的交易靠的是个人的品德与诚信，到了现代社会，在全球化、大规模的合作交易中，如果仅仅依靠个人的品德，风险太大，这时候，契约便出现了。

我们彼此互不认识，我也不用去考察你的人品，契约的存在，保障了各方的权益，使人类的合作扩大到了全球而不仅仅局限在熟人之间，当一方没有尽到应尽的义务时，就会受到相应的惩罚，或者是经济上的损失，或者是法律上的刑罚。

在商业社会的现代职场中，有一套已经成形的游戏规则。除此以外，职场中往往还存在很多"潜规则"（未以文字形式确定的规则），而我们大多数人都还做不到修改、制定游戏规则，我们只能在遵守游戏规则的前提下，"打怪通关"。通常来说，一个人越是了解游戏规则，通关所需时间就越短。

契约精神，就是游戏规则的一部分。除了你和公司签订的文字上的契约以外，我们每天都在和不同的合作伙伴以及同事签订契约，有些契约只是口头上的承诺。

但有的人却不把口头承诺当一回事，说过便忘记了。然而在对方心目中，这份契约并不因为事小、缺乏约束力而不存在，你在失信于别人的同时，也是单方面撕毁了契约。

2.拥有契约精神的人其实是在积累信用资产。

当你向一个人承诺一件事情时，实际上是在发行自己的信用货币，俗称"刷脸"。

在工作中，我们很喜欢那些靠谱的同事，和他们一起共事会很有安全感，因为把事情交给对方办，我们可以完全放心。而这种靠谱便是高信用值的体现。

那些靠谱的人在做出承诺时往往态度谨慎，他们不轻易发行信用货币。当同事拜托他们完成一件事情，他们如果不确定做不做得到，便不会轻易打包票，一旦应承了下来，即便会损害到自己的利益，也要完成。

反之，不靠谱的人大多会轻易做出承诺，却无法兑现承诺。他们在一次次的毁约中丧失了信用资产，被同事、合作伙伴列入了黑名单。

每一次说到做到，都能积累个人的信用财富。而个人的信用财富，除了能够赢得同事、合作者的信任，还能带来潜在的合作机会和人脉。

合作伙伴认为你靠谱，在合适的机会会将你介绍给他的工作伙伴，从而令你发行二次信用货币。

一个靠谱的人，信用货币发行的范围越广，积累的信用资产也就越多。

如何拥有契约精神？

1.了解潜在契约

以文字形式确定的契约大多数人都能遵守，因为一旦毁约，就会受到经济上的损失。而那些不守约的行为大多发生在口头契约，或是那些无法让人察觉的不明显的契约形式上。

在进行一个项目时，和你对接的同事希望你能在某个日期前做完，答应同事的要求也就意味着契约的建立。或许这件事并不是你的主要工作，你还有其他任务在忙，在对方提出截止时间时，你应该根据自己的进度和对方协商，一旦定下就应该遵守约定。

2.衡量承诺实现的可能性

很多人都有这样一个坏习惯，当别人提出请求，不过脑子就一口答应下来。等到做的时候才发现或是实现起来有难度，或是自己太忙顾不过来。

当同事提出请求时，第一反应不应是答应或者拒绝，而是考虑这件事情实现的可能性。当自己无法保证百分之百实现时，尽量避免使用"一定""绝对""没问题"等绝对性词语，要适当地给自己留一些退路，以"尽量""大概"来表明。

"人和人之间并非孤立无关的，人来到这世间，作为社会的动物，是订有契约的：物质利益的来往，有法律的契约；行为生活的交往，有精神的契约。"

契约无处不在，契约不仅是外部对一个人的要求，也是一个人内心秩序的建构。那些信用破产的人，在人生中将寸步难行。

第四章

打破困局，保持终身竞争力

核心竞争力决定了你的职业生涯能走多远

——01——

前段时间我跟朋友聊天,她跟我吐露了最近的焦虑:"已经工作两年了,明明对现在工作的状况很不满,但是又不知道该从什么方面着手改变,眼看着身边的人一个又一个找到了自己的道路,反观自己着实觉得狼狈,难道真的要在家人的夺命连环催之下乖乖举手投降回家吗?"

其实,绝大部分工作两三年的人都会有这样的烦恼,每天看似忙碌地上班下班,生活却被框死在循规蹈矩的两点一线之间,当被别人问起"你的职业规划是什么""你要怎么实现你的职业规划"时一脸茫然,怎么当初清晰不已的梦想之路越走越觉得不对劲了呢?

所有的问题归根到底都是因为你没有找到自己真正的核心竞争力。

我刚刚毕业去第一家公司面试的时候，我的上司问了这样一个问题。他说："你是新闻专业的学生，却想做电影，相较于其他有过工作经验或是电影专业毕业的学生，你觉得自己的竞争力是什么？"他的问题直截了当，看似有意刁难，实则一针见血。现实的职场环境中，大公司里必然是一个萝卜一个坑，你必须有自己的特长才能生存；而小公司里一个人当几个人用，你要拥有高于别人的一技之长才能跨进这道门槛。

可以说，核心竞争力不仅能够让你在入行阶段占据自己的一席之地，还能帮助你在职业瓶颈期打破困境，朝自己的目标一路前行。正所谓核心竞争力决定了你的职业生涯能走多远。

—02—

如果你还没有发现自己的核心竞争力，不用沮丧，因为它不是天生就有的，核心竞争力是通过后天不断的挖掘和有意的培养逐渐形成的。那么在职场中，到底什么才是你的核心竞争力呢？

1.你真正擅长的能力

每个人在最初选择工作行业的时候，都是出于现实条件的考虑，要么是对这个领域很感兴趣，工作起来动力十足不知疲倦；

要么是专业出身，在起跑时就已经有了更多的知识积累。这些理由总结起来，就是你的优点，也就是你更擅长的能力。

很多人会有这样的苦恼，有的同事擅长文字于是在文案方面如鱼得水，有的同事擅长做图于是在设计方面崭露头角，而自己却找不到这样的"硬实力"。其实，除去这些能直接做出产品的能力之外，很多"软实力"也同样稀缺。如果你性格开朗，善于沟通，商务对接方面的工作将会做得得心应手；如果你逻辑清晰，善于观察，那么策划工作会很适合你。不管是"硬实力"还是"软实力"，这些都是所谓的"你真正擅长的能力"。

2.你能够创造价值的能力

我们谈论的核心竞争力是针对职场而言的，而公司最首要也是最根本的目标就是盈利，那么核心竞争力一定要包含你能够为这家公司创造价值的能力。不同行业、不同职位有不同的需要，能够创造价值的能力也各有不同。

如果你从事的是影视行业的策划岗位，你会发现，影视策划主要负责一个影视产品的前期研发，通过努力将一个创意慢慢变成一部电影或电视剧。对于这个岗位来讲，创造价值的能力就是协助编剧、导演等创作者进行创作，并推动项目不断成型的能力。再简单点说，就是能够对创作过程提出意见、建议并拥有解决问题的能力。只有影视产品完成了，公司才能够获取收益，你也才算是在工作岗位上创造了真正的价值。

3.你的不可替代性

大部分人在工作两三年后会到达瓶颈期，其问题往往是他们在这个行业中高不成低不就造成的。他们平时在工作中仅仅参与执行部分，不思考也不决策，缺乏向中高层过渡的经验和实力。这种尴尬的局面归根到底还是因为自己的可替代性太强。

如果你的工作不需要自身的创造力，换成任何一个人都可以完成，那么对这份工作来说，你只是流水线上的普通一员；而对你来说，这份工作永远是一个令你无法成长的基础岗位。找到自己的不可替代的地方，才算是找到了自己真正的"独家秘笈"。

—03—

说到这里也许你会好奇，我们都知道核心竞争力很重要，可核心竞争力为什么能够决定职业生涯能走多远呢？要知道，核心竞争力能够帮助你做到以下这三件事：

1.能够增强你选择的主动性

当你拥有自己的核心竞争力时，大部分公司都能看到你的"产品价值"，因此他们会向你抛出更多合适岗位的橄榄枝。对你个人而言，拥有自己的核心竞争力能够将你从盲目地投递简历，为了找到工作而找工作的被动状态，转变为明确自己的需求和喜好，从而划定范围选择工作的主动状态。

2.能够提升你的议价能力

每个人都希望随着工作经验的增长，薪资收入不断地提高。无论是跳槽时谈论理想的薪资，抑或是你坐在上司的对面试图聊聊涨薪的事宜，这些交谈的实质都是买卖双方的等价交换。你令对方满足你薪资期望的唯一办法就是，拿出你最核心的竞争力说服他们，你值得这样的报酬。

3.能够肯定你的自我价值

当你拥有了自己的核心竞争力后，你会发现自己在工作中的优势是什么，以及应该怎样利用这种优势去解决一个个问题。在解决问题的同时，你实现了自我的价值，建立起了自信心。千万不要小看这种自信心，它不仅能让你更加积极地面对挫折和困难，还会帮助你避免一碰壁就怀疑自我进而退缩。

—04—

既然核心竞争力这么重要，那么我们要如何找到并提升自己的核心竞争力呢?

1.挖掘自己真正擅长的能力

通过自己的感受和身边朋友对你的了解找到你真正擅长的能力，这种能力体现在专业、爱好、性格等方方面面。比如你文笔很好，平时很喜欢向身边的朋友推荐东西，而个人的爱好是看电影，这些信息综合起来，相信你的能力会让你在电影营销宣传的位置上如鱼得水。

2.精进自己能够创造价值的能力

想要提升自己的核心竞争力，最靠谱的办法就是不断精进自己创造价值的能力，也就是所谓的工作能力。不管你是通过项目在实战中进行经验累积，还是在业余时间读书自学，抑或是向资深人士进行请教，这些方法都能精进你创造价值的能力。你为公司创造价值的能力越高，你的核心竞争力就越强。

3.提升自己的辅助能力

想要自己的核心竞争力足够强，除去竞争力本身，与它相关的一些辅助能力同样必不可少，比如工作中的沟通能力、团队协作能力、对市场变化的敏锐感知能力等，都是能够让你的核心竞争力更具强有力的支撑。竞争力虽然有主次之分，但是配合好才能让你的工作能力发挥出来。

工作后，为什么越来越多的人想要回去读书？

前些天我跟朋友打趣说，工作后才知道上学最轻松的地方在于，学习这件事只要一个人就可以完成。学习不需要跟各种各样难搞的人沟通，也不会被突如其来的状况拖后腿，只要把自己的能力完全发挥，就可以收到好的结果。

朋友不停点头，上班相对于费脑子，其实更费心。工作之后才发现上学是如此轻松，这也是很多人决定回到学校继续读书的原因之一。

毕业几年之后，突然发现身边的很多人为自己设置的未来计划中，都出现了重返学校读书这一条。相较于毕业时的心态，现在的他们意愿更加强烈。

不管是那些斗志昂扬，孤身一人勇闯大城市的人，还是渴求安稳，希望陪伴在父母身边的人，似乎都在毕业几年之后，或是经历了以往不曾设想的磨难，或是陷入了原地踏步的瓶颈。在时间飞速流转，眼看就再也掀不起任何波澜的年纪，大家纷纷鼓起勇气做出了回去读书的决定。

工作后，为什么越来越多的人想要回去读书？

1.想要更清晰地规划自己的道路

很多人在上大学的时候，对于专业的学习和工作的选择并没有明确的想法，为完成课业而学习的态度也导致了对未来的迷茫。直到我们大学毕业走进社会，我们才慢慢发现自己真正想要的工作状态和生活方式是哪一种。

为了让自己更加靠拢想要争取的人生，更加清晰地规划自己的道路，很多人决定重回校园读书，给自己一次重新选择的机会。相较于大学的"为完成课业而读书"，毕业后的重读变成了"为完成人生目标而读书"。

2.在工作中认识到自身的不足，想要继续学习提升能力

有一些人，在大学毕业后，进入了自己喜欢的行业，从事着还算满意的工作。但是他们却在工作中渐渐发现"人外有人，天外有天"，离开了小小的校园，来到竞争激烈的职场，在与身边人的对比之下，自身能力不足的问题开始凸显。

也有的人在工作中因为自身的短板无法完成有挑战的任务。在意识到这些问题之后，他们希望通过重回校园读书增加自身的竞争力，打破阻碍自己发展的壁垒，争取更好的发展平台和机会。

3.目前的生活状态不尽人意，单纯想要摆脱目前的困境

还有一部分人，他们对目前的生活状态不满意，几经挣扎试图跳出当前的困境。然而他们却发现，以自己目前的状况，根本无法找寻到一个可以真正解决问题的途径。

随着年龄的增长以及自身承担风险能力的降低，相较于直接转换行业或城市，读书似乎是一个性价比颇高的选择。无论你做出怎样大胆的尝试，至少可以收获一张文凭，运气好的话，也许还能找到人生的转机。

如果你也拥有重回校园读书的意愿，在真正下定决心之前你还需要面临这样几个问题：

1.如果决定重回学校读书，就目前而言，你需要放弃什么?

作为一个已经毕业一段时间甚至很多年的人，选择重回学校读书，你将面临的是，放弃读书这段时间工作经验的累积和一笔可观的薪水。在同龄人继续工作积累经验和人脉，获得足以养家糊口的工资的时候，你正在用另一种相对质朴的方式提升着自己。

你必须试着设想在这样的情况下，自己是否能够沉得住气，仍然坚持自己选择的道路。

2.读书所需的资金问题需要如何解决？

无论你是选择国内读研还是出国留学，本科毕业后继续深造都是需要一定资金支持的，两者间只是多与少的差别而已。读书所需的资金从何而来是选择重回学校读书必须面对的实际问题。

你需要考虑工作后攒下的钱能否承担全部费用，在资金不足的情况下家人是否有能力施以援手。除此之外，我们还要根据自己的情况，考虑读书是否存在较高的性价比，凡此种种都是需要仔细思考的问题。

3.完成深造后，重新开始的你需要付出哪些代价？

完成深造后，你在知识和技能上都有了很大的提升，接下来你将面对的问题是如何重新投身于职场中。相对于那些积累了更多工作经验的同龄人来说，你要面临的最大窘境就是一切似乎都要从头再来了。

也许你会面对年纪比你小的上司，也许你会发现过去的同事已经成了管理层人员，能否接受这样的心理落差也是你需要考虑的因素。

如果以上问题你心中都有明确的答案，并且在慎重思考后仍然决定转换自己的生活状态，寻找更加广阔的平台和机会，给自己的人生增加全新的可能，那么接下来你要做的就只有坚持不懈地努力了。

你大可不必在意他人的质疑，所谓年纪的压力、选择的风险都只是庸人的借口。毕竟你的人生只有一条路，你所遇到的风景就是最美的风景。

你的职场生命力取决于你的"自愈能力"

—01—

去年有一段时间，我非常想辞职，觉得自己每天都在煎熬中，究其原因，也不过是工作进展中太多困难没法解决，例如项目推进困难，团队处于磨合期。每天对着办公桌上十几寸的屏幕，自怨自艾地盘算着要放弃还是继续努力，如果放弃会不会成为一个不战而败的逃兵。

正当辞职的念头翻江倒海般向我袭来的时候，身边有个已经工作两年、换了五份工作的朋友提点了我。曾经的他，工作稍有一点不顺心，就想跳槽，这样折腾了四五次之后，他总结出了一个道理："换工作这件事悲观地看，不过是从一种不好，换成了另一种不好。"事实上，我们似乎根本找不到一份真正完美的工作。

跟一个看似刀枪不入的职场老手聊天，她劝慰我说，仔细想想前几年工作中的很多时候，如果能撑得再久一点，很多事情的结果都会大不一样。就像是现在很多公司的中层都会抱怨，新来的员工一水儿的"玻璃心"，因为一点小事指责了她，她要么梨花带雨要么痛哭流涕，不反省自己的失误反而觉得受了天大的委屈。面对职场中的挫折或困境，相比于落荒而逃，负隅顽抗反而成了一种难得的能力，我们将它称作你的"自愈能力"。

自愈力本身指的是生物依靠自身的内在生命力，修复肢体缺损、摆脱疾病以维持生命健康的能力。如果我们把职场想象成一片森林，每个人身处其中都是一棵植物，你的自愈能力就是在面对环境和自身的种种问题时，能够认知并去解决的能力，你的自愈能力越强，你越能汲取养分茁壮生长。正所谓，你的职场生命力取决于你的"自愈能力"。

—02—

有人说，在职场中给自己"打鸡血"永远比给自己"喂鸡汤"有用得多，虽然现实生活中并没有日剧女主角那样随时随地都元气满满的完美复刻，但总还是有智商、情商都"在线"，努力又充满正能量的人存在着。他们不是从未受挫，而是无论遇到多大的问题，只要回家睡过一觉，第二天又会以积极的状态出现在大家面前，他们就是所谓的"自愈能力"超强的人。

那么，到底什么才是你在职场中的"自愈能力"呢?

1.面对压力和挫折的能力

职场是我们作为独立的个体进行社会性实践的重要场所，无论你是菜鸟还是老手，只要身处职场就一定会遇到各种各样的压力和挫折。可以说，职场这个江湖，挑战无处不在，天赋异禀的人少之又少，能够胜出的还是要靠"工作虐我千万遍，我待工作如初恋"的坚韧意志。

不管是背负着KPI（关键业绩指标）的业绩压力，还是面对着残酷的竞争厮杀，拥有良好心理承受能力的人往往更能坦然地接受并积极地应对，给人以放心可靠的感觉。而面对失败的态度，往往又体现了一个人是否能拿得起放得下，是否能在风吹雨打中顽强地生存下去。

2.对失误的正确归因能力

心思再缜密的人也总会有百密一疏的时候，更何况我们这些刚刚步入职场的新人。虽然职场剧中常常会出现类似于"机会只有一次，失误无法弥补"的情节，但是在现实生活中，每个人的职业生涯都十分漫长，面对眼前的失误，如何从失败中吸取教训，找到失误发生的真正原因，才是决定你未来能走多远的关键因素。

经常听朋友抱怨说，职场中"甩锅"的现象十分常见。那些工作能力不足，为了避免责骂而将问题全部推给他人的员工，大概会在这种不断"甩锅"的过程中慢慢停滞不前。俗话说，失败是成功之母。在职场中，我们并不确定失败是否一定能够指向成功，但不可否认的是，你的每一次失误都将告诉你成功必不可少的因素。因此，面对失误，正确归因是你勇于面对问题时必不可少的"自愈能力"。

3.反省和完善自我的能力

在日复一日的工作中，你会逐渐发现自己的短板和不足，这些"硬件"上的问题并非不可改变。很多人将工作看作是一个依靠时间的累积而被动成长的过程，但恰恰是那些善于反省和总结的人，能够更快完善和提升自我，占据日后的主动权。

越是经常审视自己的人，越能及时发现自己的问题。你有自己的职业规划，但行业在发展，市场在变化，你要确定自己的能力足以让你在这瞬息万变的大环境中更好地生存下去，如果不能，及时调整自己的状态，补全自己的空缺，这种及时反省和完善自我的能力就成了你不可或缺的一种"自愈能力"。

—03—

曾经我和一个年轻有为的朋友聊天，她在发展自己的工作室时曾经对我说过用人的标准，除去那些职业能力的硬性需求外，她更希望招到每天都能释放正能量的伙伴。在疲惫的工作中，还有人能保持良好的状态，能够带动整体工作氛围保持良性循环。换个角度想，每个人大概都希望身边的同事积极健康又上进，而不是抱怨颓废又不满，由此可见，在职场中拥有"自愈能力"是多么重要。那么，我们要如何提升自己的"自愈能力"呢？

1.积极面对职场负能量

如果你仔细观察就会发现，你身边的每个人都有自己的职场负能量，甚至包括你的老板。那么如何对抗这些负能量就成了关键，首先你需要时刻清楚自己的目的是什么，在任何一件事情推进的过程中，摩擦和冲突都是不可避免的，以大局为重，以终极目标为重的想法或许能够帮助你跳出死胡同，使你更加有全局观念。

其次，负能量不过是一种消极的情绪，只要找到适合自己的发泄方法，就不会被负能量困扰太久。你可以选择一个人运动到大汗淋漓，也可以约上三五好友喝酒"吐槽"，又或是随时转变生活状态，下班后一头扎进自己喜欢的事情中去，这些方式都能让你不再纠结得像个怨妇。

2.摒弃错误的归因方式

不管是遇到无法解决的问题，还是遇到无法承受的失误，首先要做到冷静下来，不要逃避。在职场中，每个人都应该是一个具有职业素养的成年人，而非需要保护的孩子，当你能够理智地面对问题并承担起相应的责任时，会带给别人一种你很可靠的感觉。接下来你要做的是仔细分析问题发生的原因，从内部和外部寻找原因，并总结经验，下次遇到类似的问题时，避免发生同样的错误。

3.平视自己才能提升自己

在工作中，每个人都抱有不同的心态，最关键的是永远不要过高地预估自己的能力。当你的实际水平达不到你的预想，不仅工作会出问题，自我提升的步伐也会变慢。同样，把自己的位置摆得过低，会给人一种缺乏自信的感觉，即使你拥有一定的能力，也很可能会错失放在你面前的机会。平视自己，才能正确地分析自己的优势和劣势，针对自己的发展方向，精进擅长的能力，弥补欠缺的能力，最终成为一个综合实力强劲的选手。

加缪曾说过，即使在严冬里，心底也要有一个不可战胜的夏天。你要知道，那些在职场中无论遇到什么样的问题都咬牙坚持着的人，真的很酷。

"自愈"可能是超能力

....

一直以来，我都很羡慕身边"自愈能力"很强的人，我的朋友"狍子"，就是其中一个。

她有一个特别的习惯，就是每当遇到糟心的事情，就会极其讲究地去吃一顿火锅。第一步，点满一桌子的肉和菜。第二步，在自己的座位面前放三个碗。

油碟：必须多蚝油少白糖，只用来蘸滑牛、黄喉和鸭肠。

干碟：辣椒、花生搭配芝麻，专门裹脆骨和牛小排。

混合碟：醋配合着花生碎，加上麻酱混着蔬菜、羊肉和粉类吃。

那三个酱料碗，就像是能把情绪分类回收的垃圾桶一样，每次吃火锅，都能让她的眼睛重新发光，特别神奇。

但隔着火锅热气坐在她对面的我，却是一个需要花费很长时间来对抗痛苦的人，每次我遇到糟心事，都要在微信上磨磨唧唧地和她聊上好几天。

我常常觉得，就像有的人天生抵抗力强，有的人天生免疫力弱一样，"自愈"这件事，也是要靠天赋的，我身边天赋异禀的不只狍子，高中时的闺蜜"沫沫"也算一个。

今年年初的时候，"沫沫"在闺蜜群里跟大家讲，她和班长分手了。

群里一瞬间陷入了沉默。我的几句安慰打了又删，选了半天收藏的表情也不知道该发哪一个。在我们看来，这简直像是个荒唐的玩笑。

一直被我们看作模范情侣的他们，已经在一起九年了。而他们分手的理由异常简单，只是因为家人的阻挠。

刚刚分手的"沫沫"特别伤心，因为那时的她，已经出于班长家人对"稳定"的要求，准备了整整一年的公务员考试。

当"沫沫"知道这段关系已经无可挽回后，她开始约朋友疯狂地通宵喝酒。那个时候我每天早上睁眼刷微信朋友圈，总能看到几条她凌晨失眠所发的状态。

可是这样的情况没有过多久，她整个人画风突变，微信朋友圈里又恢复了往日的刷颜和夜跑打卡。偶尔在群里聊天，她甚至还会打趣说："分手之后挺好的，再也不会天天吵架、生气、闹情绪了。不像之前，连不被打扰地做完一整套模拟题都是奢求。"

我们所有人都惊叹于她的"自愈能力"如此强大，该忘的东西说忘就忘。我们甚至还会一本正经地开玩笑说，"沫沫"这种女人，将来定能成就大事。

果不其然，前段时间我们得知她面试通过的消息，于是准备了一个庆祝派对。当我推开KTV房门的时候，看见她在里面手舞足蹈地大声唱着《第一天》。

我们几个人在欢快的气氛里频频举杯，却不想她在酒过三巡后，突然躲在角落里，无法停止地抹眼泪。她对着我们断断续续地讲着和班长爱情故事的细节，反复地说着这样一句话："你们知道吗？如果不是他家人，我们肯定早就结婚了。"

我看见她藏在昏暗的灯光里，因为啜泣而一抖一抖的身体，在那一刻，我突然觉得那个被她小心翼翼遮盖起来的伤口，似乎从来就没有愈合过。

那一晚，大家好不容易才把她送回了房间。第二天一早起来，我们几个人还是很担心。

然而中午吃饭的时候，她又像个没事人一样聊天开玩笑，就连有点红肿的眼睛也被化妆品完全遮盖住，没留下一点痕迹。

脑子里忽然想起的是电影《海边的曼彻斯特》里的一个场景：已经过上平静生活的 Lee 再次遇到前妻的时候，他想起那段于他而言痛苦不堪也难以回首的往事，他说，"I can not beat it（我走不出来）"。

可能每个人的生活里，都有一些根本无法痊愈的痛苦存在。而那些表现得"自愈力很强"的人，大概只是学会了如何与痛苦的记忆相处而已。

上周末和"狍子"吃饭，我"吐槽"她对最近种种抄袭的新闻异常敏感，她却给我讲了一个自己曾经经历的故事。我才知道，原来看起来什么都能"自愈"的她，也有难以忘记的痛苦。

大二那年因为家庭变故，"狍子"不得不自己想尽一切办法写剧本赚生活费。那时候很多人都看不起新人，只有一个特别亲和的导演，不仅愿意给她机会，还把项目全部交给她来负责。

为了珍惜这次机会，"狍子"花费了整整一年的时间经常熬夜，写出了一部电视剧，但那个导演告诉她说，因为一直找不到投资，这部戏可能暂时会被搁置，一旦启动，就会付她编剧的费用。

半年之后，她在一家影视公司实习，却突然在别人送来的项目企划案里发现了自己曾经写过的那部戏，这时她才知道，原来那个导演竟然把她的剧本卖掉了。而那个时候的她，连请律师打官司的钱都没有。

即使时间已经过去了很久，"狍子"依然没有办法真正忘记这件事情。她甚至连自己努力去争取权益时，别人装作无辜的表情都历历在目。

这次的火锅吃得比之前任何一次都安静，但我看着她边讲自己的委屈故事，边蘸着面前三碗酱料大口吃着，我因为不知道该说些什么而把肉夹到她碗里的时候，莫名觉得有点"燃"。

那些流着眼泪吃着肉，带着伤口继续向前走的人，他们的行为足已成为一种力量，而那种力量，大概就是"自愈"吧。

写这篇文章的时候，我突然想起一个已经去世的室友。

她是两年前突然生病的，生的是一种非常罕见的免疫系统疾病。状态好的时候与常人无异，一旦生病就高烧不退。她和我说过，那种感觉就像是自己的命掌握在别人手上。

我们住在一起的那一年里，我几乎没看到她崩溃的样子。每天上班，她总是习惯性地买一杯冰美式，然后告诉我她和公司里暗恋的小哥哥之间的互动日常。

周末的时候，她也会在微信朋友圈里发自己吃的食物，文字配的大都是"吃点好的很有必要"。

在她去世后，我总是想起这些场景，一直没有想通的是，为什么她能活得这样坦诚和乐观。

前段时间想起她，翻看了她全部的微博，大概一年半以前的某一天，她曾经写了这样一段话："冰美式的谐音是并没事，热美式就是人没事，无论选择哪一种，都是没事没事。原来它还有这种自我安慰功能，搞得我好想每天都喝一杯。"

那天我突然明白了生命本身不需要贩卖苦难和眼泪，也许我们都没那么勇敢，但能背负着那些苦难和眼泪生活，本身就是一种自我愈合。

信息获取能力对职场新人到底有多重要？

··

—01—

相信每个人在工作的前几年时间里，都会跟自己身边的人"吐槽"遇到的各种烦恼。有时候你甚至会觉得职场新人就是不停犯错，不断被打击，直到自信心被消磨殆尽。难道我们真的只能依靠时间不断积累犯错的经验，直到有天撰写出一本困难百科全书来解决这一切吗？

如果你仔细观察就会发现，并不是所有人都和自己一样痛苦，于是你开始有了这样的疑问：

为什么他办事时能这么快就得到其他同事的协助，我每次去对接却总是遭遇冷脸？

为什么他的提案不但被采纳还会被领导称赞，我每次说出自己的看法却总是被婉言拒绝？

为什么他在推进项目的过程中效率极高，我每次遇到选择却总是犹豫不决难以判断？

其实，这些问题归根到底，都是因为你的"不了解"。你不了解与同事交流的正确方式所以总是寻求不到帮助，你不了解公司当前的发展方向所以无法提出好的策划，你不了解行业相关的数据信息所以无法快速决断。正是因为你的种种不了解，给自己带来了一个又一个的麻烦和问题。

也许你会问，"了解"也是一种能力吗？事实上"了解"所对应的正是你的"信息获取能力"。在这个媒体高速发展，每天都能生产出海量信息的时代，对于刚入行的新人来说，信息获取能力俨然已经成为职场最重要的软实力。

—02—

在学校中我们的生活圈子相对单一，信息获取能力的差别仅仅体现在分数的高低上，然而当你进入社会，你会发现人与人的差距真的会迅速拉开。同一时间进入职场的朋友也许已经深谙职场的规则，成为猎头争相瞄准的对象，而此时的你却还在为如何跳槽到心仪的公司焦头烂额。

为什么说信息获取能力对职场新人如此重要？

1.了解公司信息使你快速融入环境

职场新人在刚进入公司的时候，往往会感到十分无助，其实每个人对陌生环境的适应都是需要一定时间的。但是如果你在进入公司之初，就已经了解了公司的主要业务范围、人员构成、企业文化、工作习惯及公司的未来发展方向，相信在面对上司指派的工作任务时，你能更加妥善地完成。即便是对你来说有一定困难的内容，你也可以做到心中有数，积极寻求解决办法。

公司信息当然也包括工作内容之外的信息，比如自己部门员工的相关信息等。在职场中快速融入一个团队的最佳办法就是找到共同话题，通过交谈可以增进了解，增强互动，磨合彼此的工作习惯。了解团队中每个人的性格和专长，也可以更科学地分配工作任务，发挥强项打好配合。

2.收集行业信息使你的格局更加开阔

职场新人在工作时往往容易沉溺于自己面前的诸多任务，也很容易将行业环境理解为自己所处的公司境况，事实上，无论是针对公司的职位要求还是你的个人提升，第一时间关注行业信息都是非常必要的。对公司职位要求来说，及时关注行业信息，获取其他公司的定位和当前的工作内容，可以在多样化的市场里找准你所在公司的差异化优势，提升公司整体的竞争力。

对于个人来讲，及时关注行业信息，不仅可以让你从相对固定、狭窄的工作圈子中跳出来，培养全局观念，还能让你了解到行业未来的发展方向和对人才的需求，以便你能够尽快提升自己的相关能力，完成具有前瞻性的职业规划。即便你对目前的工作不满，也可以通过搜集行业信息，尽快找到一个适合自己的公司。

3.信息获取能力帮你增强决策力

很多工作多年的人在给新人提出建议时，往往都会讲工作效率是重中之重，但工作效率的提升并不仅仅依靠时间的合理利用，快速而准确的决策往往才是提升工作效率的关键。决策力与你自身信息的积累成正相关，专业知识的获取为你提供了决策的依据。

职场新人在面对工作中的诸多选择时，经常会觉得无从下手，进退两难。优秀的信息获取能力能够使你找到类似情况进行参考，进而快速做出决断；根据自己积累的信息，也可以分析出各种情况的利弊，综合衡量考虑，使你决策的正确率大大提升，避免了因为工作经验不足造成的种种问题。

—03—

由此看来，信息获取能力对于职场新人来说，不仅可以解决当前工作中遇到的大部分烦恼，还可以培养我们在工作之初就应当建立的工作习惯。既然信息获取能力这么重要，我们要如何提升自己的信息获取能力呢？

1.找到公司内部提供信息的关键人物

当你进入一个全新的工作环境，了解公司情况最快的办法就是找到公司内部能够向你提供大量信息的"关键人物"。所谓的"关键人物"不一定是公司中的重要人物，而是能够为你提供相关信息的专业人士。比如，想要了解某个岗位的工作内容和节奏，可以向该部门的老员工咨询；想要知道自己目前工作中的短板和调整的方法，可以向直属上司咨询；想要了解公司的办事流程，可以向行政部门的负责人咨询。找到"关键人物"，用不了多久，你就可以在公司里娴熟地处事了。

2.扩大行业信息的来源渠道

现在几乎每个公司都会设置自己的品牌宣传部门，他们在微博、公众号或是网站上定时上传最新信息，传递公司的最新情况。想要及时了解行业信息，你一定要拓展自己接收信息的媒介渠道。

信息渠道不仅仅局限于自媒体，也包括行业媒体和新闻媒体的报道，阅读专业书籍也是获取信息的一种重要渠道。除此之外，与同行业或关联行业的人保持接触，听取他们的想法和意见，也是非常好的行业信息来源。

3.筛选真正具有价值的关键信息

也有很多人在问：我知道信息获取能力十分重要，也在不停地收集行业信息，但是我真的没有时间全部看完，我应该怎么办呢？收集信息固然重要，但是获取真正有价值的信息还需要你进行一定的筛选。首先你要明确自己的职业发展方向，找到对自己最为重要的信息类别，普通信息可以一眼带过，关键信息要继续深挖，只有这样，你才能找到更多有用的信息。

每个职场新人都希望自己能够一路过关斩将毫不畏惧，面对迷茫不是原地踏步而是快速找准方向，遇到困难不是畏惧退缩而是思考解决的办法。因打击而消退的自信并不会随着时间的流逝重新回到你的身上，只有多看，多想，多了解，积极获取更多的信息，那些一路而来的努力，才会变成你未来所向披靡的底气。

拥有怎样的时间粒度决定了你是怎样的人

每个人拥有的时间都是一天24个小时，有的人做着自己喜欢的事情，感觉时间一晃而过。也有的人，上班的时候更新微信朋友圈，刷刷微博，回复同事的消息。同样的工作时间，两种人却拥有不同的质感。

每个人都拥有两种时间，一种是体感时间，一种是牛顿时间，前者代表个人所感受到的时间，后者是不以主观感觉改变的物理时间。

或许大部分人都有这样的体验：周末在家打着《王者荣耀》，一个下午不知不觉就过去了；遇到一本精彩的小说，一天就看完了；看悬疑烧脑的电视剧，一个周末就看完了。

在心理学上，"心流"表示人们在专注地进行某行为时所表现出的心理状态。如艺术家在创作时所表现的心理状态。人们在此状态时，通常不愿被打扰，即抗拒中断。

一个人将精神力完全投注在某种活动上，就会进入"心流"的状态，"心流"的产生会带来极大的兴奋感及充实感。

处于"心流"期间的时间，我们叫作帕格森时间。

然而你有没有发现，这样的时刻对于我们而言已经越来越少，我们很难保持不被打扰并长时间地投入到某一件事情中。小说看到一半，朋友发信息过来，你拿起手机回复了对方，再拿起书时，突然忘记自己看到了哪里；看电视剧的时候，外卖到了，你不得不按下暂停，取回外卖准备吃饭，一边吃一边看的时候，难免错过某些关键信息，但是又不想重新看一遍……

工作中，我们常常也会遇到这样的情况，想在上午精力充沛、思绪清晰的时候写篇稿子，结果刚写了几百字，就发现微信、QQ上一大堆消息提醒，不看的话，又担心有什么紧急的事情，回复之后却发现再也没有之前写稿子的连贯感觉。

我们常常羡慕那种多任务并行的人，他们能够同时进行几件事情，一边打电话，一边回复工作邮件……然而多任务并行的人，虽然看起来更加"高效"，别人一小时只能做完一件事，他却能完成两件事，但是这样的人往往更容易在工作中出错。

如何进行时间管理，在工作中更高效地完成任务？

1.按照紧急程度和工作重要性列出一天的工作计划

比如一天里你有以下几项工作：回复工作邮件、准备明天开会的内容、老板交代下来的比较急的工作、追热点写稿件、和同事讨论选题、写稿。

按照紧急程度和重要性可以列出四种象限：重要紧急的（追热点写稿件）、不重要紧急的(老板交代下来的比较急的工作)、重要不紧急的（和同事讨论选题、写稿）、不重要不紧急的（回复工作邮件、准备明天开会的内容）。

如果不重要但是紧急的工作只需要几分钟就可以搞定，可以先完成，例如解决老板咨询你的问题或者老板让你去办公室一趟。

工作顺序应该如下：

1.重要紧急的；

2.不重要紧急的；

3.重要不紧急的；

4.不重要不紧急的。

上午9点到11点，是一个人精力最充沛、思绪最清晰的时候，应该把这两个小时的时间用在重要紧急的工作上面。

2. 提升你的时间粒度

我们经常会看到一些人，明明可以和你当面沟通，却偏偏要在微信上跟你讲工作上的事情；不管你方不方便，总是自顾自发一长条语音；十分钟就能开完的会偏偏要拖一小时……之所以会有这种情况出现，是因为每个人对于时间粒度的观念不一样。

时间粒度是指一个人对单位时间内工作安排的密集程度。有的人半天只能写篇初稿，而有的人在半天时间里除了能够完成一篇稿子，还可以排版、回复邮件、开个选题会。后者明显比前者的时间粒度要细。

那些身价昂贵的企业家，一般都是用分钟计算自己的时间。英国电子邮报资深记者 Mary Riddell 说，盖茨的行程表和美国总统类似，五分钟是基本的时间颗粒度，而一些短会，乃至与人握手，则按秒数安排。

即便地上有一百美金，他也不会蹲下来去捡，因为他蹲下来捡钱的时间已经比一百美金值钱多了。

一个身价越贵的人时间粒度就越细。你的身价取决于你的时间粒度。

有些人买支口红为了省几十块钱，在网上花费一天的时间进行比价；旅行的时候明明可以打车到旅馆，为了省钱自己拎着大行李箱坐地铁；有的人开会之前没准备，开会的时候才开始漫无目的地讨论，浪费自己也浪费别人的时间。

你的时间有多不值钱？

1.要有预见性

在工作中预判能够帮助你节约很多时间。很多人在工作中是盲目且短视的，今天没有什么工作，就和别人聊天，偷偷逛淘宝，第二天事情纷纷找来，忙得焦头烂额。

其实工作中有很多事情是可以预见的，譬如第二天是某某文人的忌日，这个热点完全可以提前准备，到了第二天直接推送就好；你知道第二天是某个项目的截止日期，可以提前做完的就不要拖到截止日当天了；明明知道每周五都会有很多事情，那么为何不把周五的日常工作提前到周四完成？

有预见性的好处在于，把后面可能存在的工作分摊到前几天，这样工作压力就会更均衡。

2.断绝干扰

为了使心流状态不被中断，我们应该自觉地屏蔽可能会出现的干扰，譬如强制自己不看微信、微博。

　　这一点非常重要，当人们无条件地回复别人的信息时，实际上他正在使自己的时间变得碎片化，失去完整性。

　　而重要的工作，往往需要在完整的、不被打扰的时间来进行。

　　虽然隔断社交平台的联系看起来只是一件微不足道的事情，好像对时间管理没有太大的帮助，但是当你亲自实践后就会发现，比起强迫自己专注在所做的事情上面，隔绝外界的干扰更能够达到效果。

　　你拥有怎样的时间粒度，就决定了你是一个怎样的人。

别问别人凭什么，问自己配不配

前段时间，朋友跟我讲了一件事，看微信朋友圈才发现大学一起住了四年的室友离职了，私下问他为什么放弃一份月薪过万的工作。结果室友说，因为有一家公司开年薪百万的条件挖他过去。

朋友一听，心都碎了，比起自己一个月六千的工资更让他难受的是，和室友年薪百万的差距。

本来一个月六千，和老家的工资水平相比，也算是高薪了，没想到和自己同一所大学同一个宿舍出来的室友薪资竟然比自己多了不知道几十倍，心理便开始不平衡了："凭什么是他？你说，大学的时候，他绩点还没我高，就喜欢搞些有的没的，有一次还差点挂科，谁会想到他如今混得有模有样！"

于是安慰自己："谁叫我没有个有钱的老爹？""千载难逢的机会被他抓住了，要是我在那个位置，我也不差。""年薪百万，呵呵，看他能'唬'多久。"

我们总是习惯把他人的成功归因于外部条件——机会、家庭、环境，却刻意无视他们的努力，好像只有这样，才能抚慰内心的不平衡。

然而，一个仅凭运气而缺乏实力的人，就像一只纸飞机，飞得再高也难逃坠落的命运。而对于有实力的人来说，人生有时候就像坐飞机时遇到气流，虽然偶有颠簸，但终归会在目的地安全降落。

前段时间，看到微博上一个消息，一个"90后"快递小哥兼职写网络小说月入三万，大多数人第一反应就是："写网络小说真赚钱，早知道我也写了。"

然而，每一本网文想要赚钱，除了签约是前提条件，还得有不错的收藏数才能封推上架。上架有个硬性标准，就是免费章节字数达到二十万字。这二十万字是无论如何没有稿费的，而即使侥幸上架了，多数也会"扑街"，混个每月几百的"低保"。

幸存者偏差指的是，人们往往看到了别人成功的一面，以为成功是容易的，轻而易举的，却看不到失败的例子，因为最后呈现在人们眼前的，都是最后成功了的。

现实生活中，为了追求梦想漂浮在生存线边缘的人数不胜数。

因为在任何一个行业，能做到顶级的，永远是少数人。

统计学上，把可能性小于5%的事件叫作小概率事件。毫无疑问，成功，是一个小概率事件，只要你尝试多了，总会碰见那么一两次。

被很多人奉为偶像的乔布斯，也不是从一开始就无往不利。乔布斯也曾亲自创造了不少失败的产品——以自己女儿名字命名的电脑莉萨，由于中规中矩、价格太贵，不到两年的时间就停产了。

Apple Ⅲ，乔布斯最初希望它能成为在宇宙中留下印迹的作品，拥有更大的内存，屏幕也能显示更多的字符，并且能够区分大小写。但因为乔布斯沉浸在工业设计的狂热中，严格限定了机箱的尺寸和形状，并拒绝任何人对其进行修改，结果是附加的小电路板因连接不稳定而频繁失灵，上市之后销量惨淡。

乔布斯折腾过许多次PC（个人计算机），但一直到NeXT，都是比较失败的的产品，Mac还好，但也不能算特别成功。

没有注定的成功，成功都是不断试错的结果。如果还没有成功怎么办？继续试。

前段时间万达集团董事长王健林"一天的行程"刷了屏，24小时里，王健林飞了两个国家、三座城市，各种会议、活动和仪式排得满满当当的。不仅如此，60多岁的王健林保持着凌晨4点起床的习惯，甚至还在起床后进行一小时的健身锻炼。

而这不是个例。

苹果首席执行官蒂姆·库克凌晨3点45分起床处理邮件，早上5点到健身房锻炼。

生产立式办公桌的NextDesk公司总裁丹·李，每天凌晨3点半起床。第一件事就是喝两杯水，保证一小时的阅读时间。早上5点15分会到健身房锻炼，一直锻炼到6点15分。接下来的一小时他会冲个澡，刮胡须，然后开车到办公室。7点15分时他已准备好开始一天的工作。

迪士尼首席执行官罗伯特·艾格告诉《财富》杂志他每天早上4点半起床，"这个时候没有太多干扰，我可以做很多事情。我一周骑两次自行车，用健身器材做两次有氧运动，跟着教练练习举重。同时这时候也很适合思考问题。我相信运动会缓解压力，让精力更加充沛，对于做我这种工作的人来说是非常必要的"。

不可否认的是，那些在事业上比你成功的人，往往比你更努力。我们总是以"没有时间"作为借口糊弄自己，而他们却想方设法挤出时间，管理自己。

香港四大才子之一的蔡澜，在接受媒体采访的时候称自己的工作是享受生活，一大清早背个帆布袋，沿着热闹的街道不急不缓地走，在菜市场里挑选最新鲜的水果、蔬菜，和菜贩拉家常，每天除了吃喝好像没有别的事，这样悠闲惬意的人生，谁不羡慕？

而大多数人不知道的是，他每天早上6点起床，晚上10点睡下，为了能够高质量地输出，所以不断旅行、阅读，让自己不断吸收。迄今为止，他写了200多本书，如此多产，却不敷衍，一篇800字的文章自己也要反反复复修改四五次。

你看到的是惬意的人生，你看不到的是埋头的坚持。

我很喜欢《红鳉鱼》中的一些台词：

嫉妒为何物？

就是自己不去努力，

不去付诸行动，

揪着对方的弱点不放，

连自己也落得下作，这就叫作嫉妒。

本来为了和对手相匹敌并超越对方而日复一日地努力，

这个问题也就迎刃而解，

但人总是做不到这一点，

因为嫉妒比较轻松嘛。

所以每当问别人凭什么的时候，不如先问自己配不配吧。

你和高手之间到底差在哪里？

···

—01—

不是所有扫地的人都能称为扫地僧。

相信很多人都听说过一万小时理论，《异类》作者马尔科姆·格拉德威尔在书中提出的大量数据表明：任何一个人，只要在一个领域中练习的时间超过一万个小时，就能成为这方面的杰出大师。

这个鸡汤理论以科学名义广为流传，让人相信，只要够努力就能够获得成功，如果还没成功只能说明时间不够长。

高晓松曾在节目中说有一次和《一句顶一万句》的作者刘震云一同游历欧洲，一路上高晓松都在为刘震云讲解各种地理文化知识，直到几天后，刘震云语重心长地对高晓松说："晓松你确实有才华，你确实把很多东西想得比较通，但是如果你只选了一个方向，你就一生沉浸在里面，你可能在某一个领域真的能成为大师，但是你的问题就是你什么都懂点。"

高晓松却不以为然，他觉得不是每个扫地的人都能成为扫地僧："如果一个人一生沉浸在一件事情里就能真的把这件事做得多好，就真的能成为那个领域的大师，那大师也太容易做了。"

相信一万小时理论的危险在于：作者为了方便传播和记忆，不顾客观事实，把小提琴、乐队等练习的时间简化成一万个小时，不仅如此，他把时间和成功的联系因果化，无视了更重要的因素。

为什么一个喜欢写作并坚持写了十多年的人仍然无法成为一位作家？

为什么从六岁开始弹钢琴一直弹到二十多岁的人和钢琴家依然无缘？

业余爱好者和专家之间到底有什么区别？

普通人和某一领域的杰出大师之间差的到底是什么？

很多人把这种差距归因于基因、天赋等不可人为改变的客观事实，看了这本书，你就会明白，其实任何人都有机会成为某一领域的专家。

—02—

不要用战术上的勤奋掩盖战略上的懒惰。

有的人对羽毛球感兴趣，于是每天都去体育馆打上2小时的羽毛球，以为只要练习的时间够久，自己就能够像专业运动员一样无往不利，然而，他们会发现，练习了一两年甚至更久的时间，接不到的"死球"依然接不到。

因为没有经过刻意训练的技能，无法靠时间来精进。

再来看看专业运动员的训练吧，一旦教练意识到你在击球方面存在短板，他不会跳过这个短板，而是刻意挑你无法接到的"死球"打给你，让你在一次次失败中找到接"死球"的最好方式。

注意到有什么区别了吗？

普通人的练习方式往往是盲目的、缺乏针对性的，因此进步成长也是缓慢的，而刻意练习拥有系统的计划、明确的目的、相适应的训练方式，再配合长时间的练习，获得成功是意料之中的事。

记得小时候学钢琴，老师会让我准备一个笔记本，每节课之后会在笔记本上写下一周的目标，譬如：熟练弹奏《土耳其进行曲》，注意指法和速度。在下一周来临之时，老师会检查我的练习成果，如果我弹奏过程中出现了问题，他就会在五线谱上写下记号，并挨个纠正。

后来大学自己去练琴室里弹钢琴，虽然每天只要没什么课都会去琴房里待上一两个小时，但令人气馁的是，我还是没办法毫无差错地弹完一首难度较高的曲子，总是在一个地方停顿下来，后来才发现，原来我总是习惯弹奏自己练得熟悉的地方，而对难度较高、容易停顿的地方一掠而过，所以尽管前半段很熟练，但是到了后半段就开始停顿，错漏百出。

正如《刻意练习》中提到的一样，对于任何类型的练习，这是一条基本的真理：如果你从来不迫使自己走出舒适区，便永远无法进步。

缺乏刻意练习就像弹钢琴一样，想用战术上的勤奋掩盖战略上的懒惰，最终除了浪费时间以外，毫无精进。

—03—

所有的学习都是一个自动化的过程。

以前面提到的钢琴练习为例，在练习了大概两三年之后，我发现一个神奇的改变：

在开始的时候，琴谱上都是我用铅笔标的1—7这几个数字，用来表示不同的音符，因为五线谱实在太难认了，你要一根根数着音符在什么位置，从而确定它是什么音，再在琴键上弹出来。

不仅如此，对于新手来说，还有一个难点在于，一首曲子往往需要左右手同时弹奏不同旋律，这就相当于让一个人左手画圆右手画方一样，所以最开始老师让我先右手弹奏，再左手弹奏，最后再两只手一起弹。突然在某一天，我发现自己只要看一眼五线谱，左右手就能同时弹奏了，而不再需要一个一个认谱、双手各自练习再配合的过程了。

我把这个过程称为"自动化"过程，任何一个学习都是自动化的过程，刚开始学习的时候艰难万分，错漏百出，然而到了某一个临界点，就会发生神奇的质变，它会变成一件毫不费力的事情。

想想你经历过的任意一样学习：

英语专业的学生或者在外留学的人在经过某个临界点以后，会觉得英语和母语一样，想说什么话就脱口而出，早已不用纠结于语法、单词这类的事；

对于出租车司机来说，当乘客上车说一个地名，甚至记不清地名只知道某个建筑物时，司机就能从脑海中自动调取到达目的地的最短路径；如果赶时间，司机甚至能够考虑到红绿灯的数量，优先选择用时最短的路径；

国际象棋大师在对弈时，往往会在脑海中移动棋子，预演之后可能出现的棋局，并在大脑中自动搜索不同局面应对的不同招式；

"寿司之神"去鱼市的时候看一眼，摸一摸，就知道哪些鱼新鲜，哪些鱼不新鲜，知道章鱼要搓揉多少分钟，酱料需要加点什么才对味……

而这个自动化的过程，就是建立"心理表征"的过程，什么是心理表征呢？心理表征就是你对一个技能、知识的系统化认知。

举个例子来说，当你第一次听到"狗"这个生物时，你对它一无所知，有人说"它会叫，会咬人"，有人说"它有不同种类""有四个脚"……于是你不停更新、积累对这个生物的认知，开始建立自己的心理表征，到了后来，只要随便在街上看到一只狗，你就能知道它是什么种类的，这种狗有什么特点等。

不管是哪个领域的大师，都在该领域中建立了自己的心理表征，将技能自动化。

心里表征和技能是相辅相成的。你的技能越好，就越能够建立自己的心理表征，一旦你建立了自己的心理表征，也就越能够精进自己的技能。

—04—

高手不是注定的，而是后天刻意练习而成的。

记得小时候我在钢琴老师面前哼唱旋律，母亲在一旁听了说了一句"五音不全，你不是唱歌的料"。于是很长一段时间里，我都不再开口唱歌，它成了我的一个缺陷，让我当众唱歌就像是让我把穿着破了个洞的袜子的脚拿出来一样难堪。

我一直以为不会唱歌和长了六指一样，是天生的无法改变的事实。后来才发现，其实我并不是五音不全，声音虽然有点沙哑，但是也算有点特色，如果小时候经过恰当的训练，说不定也能够唱出打动人心的歌曲。

这件事之后，我一直警惕先天决定论，比如将任何事情简单归因于某个人本来就很擅长这种事，我就是不适合做这种事等说法。

可能有些人会觉得有的人真的就是老天爷赏饭吃，然而即便是莫扎特也不能将他的成功归因于天分和基因。

莫扎特的父亲列奥波尔得其实也是一位音乐家。而莫扎特还有一位姐姐娜奈尔，她同样也被称为天才音乐家，在她很小的时候，列奥波尔得就开始对她在音乐上进行刻意训练。而在莫扎特出生后，列奥波尔得在之前对女儿的训练得到的反馈的基础上，改进了训练方式和方法。由于莫扎特练习时间早，并且能够接受身为音乐家的父亲不断改进的刻意训练，因此，成为异于同龄人的"天才音乐家"是预料之中的事。

就连喜剧演员也不是先天就自带笑点的，之前看到报道说周星驰私下里其实和电影里完全不一样，他其实很严肃，对待工作的要求也很高，因为搞笑不是他天生的，而是刻意训练的结果。什么时候给人反转的效果，哪一种情况用夸张的表情，怎么和对手配合抖包袱等，也许都是一次次从表演中总结、改进的结果。

《刻意练习》中举了一个例子：大多数喜剧演员们经常花时间在单口相声俱乐部里练习，在这里，他们有机会试演自己的节目，而且观众的反应会给予他们即时的反馈，他们可以知道这个段子到底好不好笑，那个包袱观众反应一般就可以删掉或者改进，以此不停打磨自己的作品。

盲目练习是最懒惰的勤奋，自我设限是精进路上最大的障碍，也许真的有天才，但是那不是你成为不了高手的借口。

第五章

会做选择题的人，才能拥有『开挂』的人生

真正让你一无所成的不是贫穷，而是心穷！

年轻的时候，我们常常把很多遗憾和失败归因于穷。

因为穷，所以没有报培训班考证，没有证书就只能眼睁睁地看着一个很好的工作机会擦肩而过。

因为穷，买不起漂亮的衣服和包包，没有钱好好包装自己，以至于毕业几年连和别人拉小手的机会都没有。

因为穷，没有闲钱出门旅行，别人提到旅行的见闻时只好沉默不言。

我们以为等到以后赚钱了，就能解决一切贫穷引起的问题，事实却是，即便你已经拿到了不菲的薪水，你的心里依然感到贫穷、匮乏。

电影《为了N》中女主人公杉下希美因为小时候贫穷、拮据的经历，在成年工作之后，依然会习惯性地买一大堆食物储藏在冰箱里，即使知道自己吃不完，还是忍不住做一大堆食物，因为希美只有在看到冰箱里塞满食物时，才会有安全感。

贫穷可以改善，但"心穷"了，就很难再矫正。

1.自我期望降低

上大学的时候起床晚了，眼看着早课就要开始，你觉得反正都来不及了，干脆就不去了，倒头接着睡；但是室友却迅速地起床穿衣服，飞奔到教学楼，在铃声响起的那一刻跑进了教室。对，她没有迟到。

周末想去看一部期待已久的电影，却因为订票太晚没有了位置，就在自己准备放弃的时候，朋友硬拉着自己来到电影院，她说，去看看吧，万一有退票的呢？结果刚好遇到一对情侣拿着电影票问需不需要。

当一个人"心穷"的时候，遇到障碍的第一反应不是"我应该如何做才能跨过这个障碍"，而是"算了吧，我肯定不行"。听起来，前者好像需要付出更多的时间和精力，而且还不一定能够成功，然而，多试几次，说不定成功就在眼前。

"心穷"的人往往对自己拥有较低的期望值。看到心仪公司的招聘时，第一反应是"应该不会要我""有些条件我可能达不到"，而不是"我一定要去试试""他们很好，我也不差"。

即便真的获得了面试的机会，"心穷"的人也往往无法正常发挥，因为自我应验效应会开始起作用。当你一旦有了"反正我也选不上"的想法，心理暗示会让你在面试的时候做出一些"搞砸"的行为，例如突然不知道该怎么介绍自己，大脑一片空白；或者是面试当天迟到……从而应验了开始时对自己的看法。

2.短视行为

在写作《我在底层的生活》一书时，为了寻找底层贫穷的真相，作者隐藏了自己的身份与地位，潜入美国的底层社会，去体验低薪阶层是如何挣扎求生的。最后作者发现了一个事实：

因为没钱，不得不住在偏远地方。

因为住在偏远地方，不得不花费大量的时间在路上。

因为花费很多时间在路上，她用于提升自己和发现更好工作机会的时间越来越少。

为了应付房租和生活成本，她不得不说服自己承担更多的小时工或者兼职。

因为花费了太多时间做各种辛苦的工作，她渐渐成为一个工作机器，无力做任何其他的事情，直到情绪爆发离开。

然后换一个地方，进入下一个循环。

"如果你一年有360天以上都卑躬屈膝、弯腰驼背地做这些重复而枯燥的低薪工作，会不会你的精神也跟肌肉一样，因过度重复使用而产生损伤呢？"

一个人"心穷"的时候，往往没办法高瞻远瞩，并不是说他们缺乏相当的智力，而是他们没有多余的时间和精力为长远却有益的决策做出短暂的牺牲。

"上班那么累，回到家只想洗个澡追个剧，然后就睡觉，哪有时间看书、健身？"

"这个月缴了房租，还了信用卡，哪有闲钱报班学外语？"

……

"心穷"，让我们的视线只能停留在眼前的一小段路上，每天都在不断地处理当天出现的问题，无法抬头去看一看前面更远的道路。

3.延迟满足能力降低

延迟满足能力是指一种甘愿为更有价值的长远结果而放弃即时满足的白我控制能力。拥有延迟满足能力是个体完成各种任务、协调人际关系、成功适应社会的必要条件。

20世纪60年代，美国斯坦福大学心理学教授沃尔特·米歇尔设计了一个关于"延迟满足"的著名实验。研究人员找来数十名儿童，让他们单独呆在一个只有一张桌子和一把椅子的小房间里，桌子上的托盘里有这些儿童爱吃的东西——棉花糖。研究人员告诉他们可以马上吃掉棉花糖，但如果等研究人员回来后再吃还可以再得到一颗棉花糖作为奖励。他们还可以按响桌子上的铃，研究人员听到铃声会马上返回。

结果，大多数的孩子坚持了不到三分钟就放弃了。"一些孩子甚至没有按铃就直接把糖吃掉了，另一些则盯着桌上的棉花糖，半分钟后按了铃。"大约三分之一的孩子成功延迟了自己对棉花糖的欲望，他们等到研究人员回来兑现了奖励，差不多用了十五分钟的时间。

那些"心穷"的人，就像是忍不住把零食吃掉的孩子，明明知道再坚持一会儿，就能得到更多的奖励，却还是控制不住自己的欲望，做出了看似有利，实则对未来有害的短视行为。

实验人员在持续的跟踪实验中发现，在当年的试验里马上按铃的孩子无论在家里还是在学校中，都更容易出现行为上的问题，成绩也较差。他们通常难以面对压力，注意力不集中而且很难维持与他人的友谊。而那些可以等上十五分钟再吃糖的孩子，在学习成绩上比那些马上吃糖的孩子平均高出210分。

4.容错度低

细心观察你会发现，身边那些爱"折腾"的人往往更容易成功。

马东无疑是一个爱折腾的人，他屡次转行跳槽，清零重来。他在澳洲学的是计算机专业，毕业后找到了一份高薪工作，却偏偏选择了回国考取北京电影学院；明明在央视做得顺风顺水，却又辞职去了爱奇艺担任首席内容官；到了这时马东还不安心，他再次辞职创业，最终有了《奇葩说》……

爱"折腾"的人的人生往往拥有较高的容错度，即便创业失败，休学过后依旧迷茫，副业投入了大量心血却无法赚钱，他们依然乐于尝试成功的多种路径。失败了，没关系，大不了换条路重新来，多试几次，总能找到对的那条路。

说到底，他们敢于试错，是因为他们输得起。而"心穷"的人恰恰相反，他们做选择的时候比较保守，不敢冒险，即便知道风险背后的利益，但只要想到失败的可能，还是选择了放弃。

"心穷"的人输不起，他们的人生似乎不允许有偏差，每一步都循规蹈矩，谨慎小心，也因此丧失了探索其他路径的机会。

　　贫穷不可怕，千万别"心穷"。因为前者只是一阵子，而后者或许会持续一辈子。

为什么我选择的不是我想要的？

··

—01—

在选择面前，你是哪种人？

1.完美主义者

为了买一件衣服，对比了销量前100的商品，分析款式、材质、性价比……想要找出最好的选择，然而最后……头脑炸裂，无从下手……

2.选择拖延症

以为只要不选择就不会苦恼，于是把喜欢的十多件羽绒服加入购物车，却迟迟无法下定决心购买哪一件。

结果一个月过去了，打开购物车发现，购物车里的商品都已下架了……

3.惯性后悔症

好不容易看到了喜欢的羽绒服，很快就下单，然后发现有更好看、性价比更高的……

于是开始后悔，早知道就买这件了……

《猜火车》里有一句台词：

"选择生命，选择工作，选择职业，选择家庭，选择可恶的大彩电，选择洗衣机、汽车、雷射碟机，选择健康、低胆固醇和牙医保险，选择楼宇按揭，选择你的朋友，选择套装、便服和行李，选择分期付款和三件套西装，选择收看无聊的游戏节目，边看边吃零食……选择你的未来，选择生命……太多选择，你选择什么？我选择不选择。"

比起以前"一生只爱一个人"的时代，如今的社会充满着物质、信息的过剩：

点开外卖App，看到黄焖鸡米饭和云南米线，每天纠结到底吃哪个；商场里口红、包包不断推出新款；工作频繁更换，但好像就是没有自己喜欢的；相亲见了一个又一个……

我们陷入了迷茫：

那么多的选择，究竟哪一个才是最适合自己的？

世界上真的有完美的选择么？

为什么我选择的不是我想要的？

—02—

是什么在影响着我们的选择？

我们一生面临的选择那么多，并且其中有些选择尤为重要（结婚、买房、买车），但事实上，我们很多选择都是非理性的。

要知道如何做出更合适的选择，我们可能需要先了解：我们的选择，会受到什么因素的影响？

"原价1999元，现价1299元，买！"

选择陷阱1：知觉对比原理。

假设有人走进一家时尚男装店，说自己想买三件套的西服和一件毛衣。如果你是售货员，你该先给他看哪样东西，好让他花最多的钱呢？服装店老板指导销售人员，要先给顾客看贵的东西。因为一旦人们买了更贵的西服，就会发现再贵的毛衣，也显得不那么贵了。

人们对一个事物的判断，往往是建立在和其他事物的比较之上的。

前段时间，"双十一"，你想买一件大衣，打开页面，发现曾经收藏的衣服价格为1299元，原价显示为1999元，觉得很划算，于是赶紧加入购物车，付了定金。

但如果没有原价的对比，你也并不觉得1299元的衣服很划算。

这就是商家各种促销手段屡试不爽的原因。

甚至有时候，当你觉得折扣力度很大，也许只是因为商家调高了原价。

你认为一件商品划算，也许仅仅是商家想让你认为很划算。

"丢掉100元的痛苦大于捡到100元的快乐。"

选择陷阱2：损失厌恶。

有一个抛硬币的实验，如果抛硬币后，硬币朝上的是正面，就可以拿到200美元，是反面就会一无所获。

你愿意直接拿100美元走人，还是选择抛硬币？

而实验结果是，大多数人都选择稳拿100美元。

人们对损失的厌恶，远远比对获得的喜欢更大。

当你弄丢了100元，你会很懊悔，心情低落；但如果你捡到100元，并不会抵消你的失落。

你需要捡到更多钱，才能抵消你丢了100元的低落。

如果你很不喜欢目前的工作，这时候有一份新工作的机会，你会选择放弃目前的工作么？

我想大多数人都不会。

因为快到年终，如果现在辞掉工作，就会损失2个月的年终奖。

所以很多人宁愿放弃新的工作，放弃可能得到的更好的发展，也不想损失稳稳当当的年终奖。

但，究竟哪个更有价值呢？

"选择越多，越不知道该怎么选。"

选择陷阱3：选择数量。

选择的数量真的是越多越好吗？

研究者曾做过一个实验：

在超市的品尝摊前放各种不同口味的果酱给消费者免费品尝。

他们发现在有24种口味的品尝摊前尝过的顾客，往往会查看各种不同的果酱，还会与周围的人讨论各种口味的优点，然而大部分人什么都不购买就走了。

而与之相反的是，来到只有6种不同口味品尝摊前的顾客，好像知道哪种口味更适合自己一样，很快就拿起一瓶果酱结账。

与大量的选择（20—30个）相比，当选择的数量在4—6个时，人们更容易做出选择。

也许你会发现一个现象，当你打算买一件衣服时，如果你去附近的商场逛街，花1—2小时就能买到自己喜欢的衣服。

但如果你在淘宝上购买，你会发现，从你打算买衣服开始到买完衣服，其间用于逛淘宝、比较商品、做出决策的时间可能要半个多月。

也就是说，并不是选择越多越好。

有限的选择也许比大量的选择更容易让人做出决定，也更容易让人感到满意。

"当一样东西变得稀缺时，我会更想要它。"

选择陷阱4：稀缺效应。

每当听到"这是最后一件了""这是我们最后一天打折了"时，是不是心头一动，想要乖乖掏出钱包？

这是稀缺效应在发挥作用。

每当有东西获取起来比以前更困难，我们拥有它的自由受了限制，我们就越发地想要得到它。

稀缺效应也同样可以应用在感情上。

有人对科罗拉多州的140对青年情侣做了研究，他们发现：

尽管家长干涉会令感情出现某些问题——如一方以更挑剔的眼光看待另一方，但干涉的同时也让情侣双方觉得彼此更加相爱，更想结婚了。

在研究过程中，随着父母的干涉越来越多，爱的体验也越来越深。

然而当干涉减少的时候，浪漫的感觉也慢慢冷却。

而这就是所谓的"罗密欧与朱丽叶效应"。

有的时候，人们"想要"的感觉，并不是因为内心真的想要，而是落入了稀缺的圈套。

"道理我都懂，偏偏做不到。"

选择陷阱5：自动系统和反射系统。

人的大脑往往有两种系统并行，一种是自动系统，它能下意识地、轻松地运行。

这一系统分析感官信息，并使人类迅速产生相应的感知，采取行动。

譬如饿了就要吃饭，困了就要睡觉，都是自动系统的反应。

另一种是反射系统，它通过逻辑和理性分析使得我们可以分析抽象的想法，思考未来，做出选择。

大部分人都知道，早睡对身体好，不在睡前看手机更容易入眠；自己做饭吃比叫外卖吃健康；下班回去看书提升自己，比追剧对自己未来的发展更好……

然而，我们更容易选择做那些短时间可以获得方便和快乐的事情。

结果，我们都屈服于诱惑，选择短期的快乐，过后又开始懊悔，责备自己贪图一时享乐。

—03—

如何做出"完美"的选择？

每个人每天有意无意间要面临几十个选择。

小到中午点哪家的外卖，大到毕业去哪个城市工作。

人生就像由几百万个选择组成的测试题，每个选择都会带你获得不同的答案，甚至人生。

那要如何才能做出一个"完美"的选择呢？

1.问问专业的人

如果选择太多，自己不知道怎么选，不妨询问他人。

准备健身，却不知道购买什么健身装备和器材，可以求助该领域的专家，譬如健身"大V"，或者身边长期健身的朋友。

当请朋友吃饭，却不知道选择哪家餐馆时，也可以做美食攻略，查看美食达人推荐的餐馆和大众就餐之后的评分。

学会将一些不那么重要的决定交给别人来做，会帮助自己节省更多的精力。

2.和"后悔"和解，训练下行反事实思维

对于那些习惯性后悔的人来说，不管做什么选择都会后悔。

而下行反事实思维指的是，假设一些关键的生活事件没有发生，我们的生活会变得更糟。

当你做了一个选择后，不妨转变自己的思维：

自己做的选择是最好的，不选这个的话，反而更糟。

如果你刚刚从商场买了一件大衣，结果发现同款在淘宝只有一半的价格，就要假设自己从商场买的质量、版型更好，淘宝的质量无法保证，自己买的贵是贵了点，但是能多穿几年。而且，如果这次不买，不知道还要花多少时间和精力去做选择，万一质量不行还得来回退货……说不定天气变冷了，衣服还没买到呢。

总而言之，强调自己选择的就是最好的，能够有效地减少后悔。

3.建立标准，做一个满足者

找找在这个选择中，你最关心的核心要素，建立自己的标准。

一旦找到符合自己标准的事物就收手，而不去想还有更好的在后面。

学会接受"够好的"，而不去追求"最好的"。

4.把精力集中在重要决策上

《自控力》中曾提到过，自控力就像肌肉一样有极限。

如果你不让肌肉休息，你就会完全失去力量，就像运动员把自己逼到精疲力尽一样。

人在下班回家以后，往往自控力降到了最低值，这个时候，往往没有多余的自控力去抵制诱惑：追剧、吃夜宵等。

因此，把精力留给重要的决策，少花些时间在无关的决策上，有利于做出相对明智的选择。

没有人知道最完美的选择是什么，因为没有人能有机会把人生所有的选项都尝试一遍。

但每个选择给你带来不同的结果，有的是一件漂亮的衣服，有的是下半生的伴侣。只有做好选择，我们的人生才能更美好。

职场菜鸟跳槽指南

······························

—01—

每次和很久不见的朋友碰面，大家都会问这样一句话："你还在原来的公司上班吗？"似乎对于现在的我们来说，在一家公司待上几年简直就是一件不可思议的事情。

但如果你跟家人坦白辞职的想法，长辈们往往又会用语重心长的语气说，"你就不能在一家公司踏踏实实干几年吗"。对于他们来说，年轻气盛的我们频繁跳槽，根本就是一瓶不响半瓶晃荡。

跳槽这件事，你自己经历过几次也就渐渐明白了其中真谛，有人是真的眼光独到通过跳槽实现了自己职业生涯的三步走，直接完成了从底层执行到高层管理的华丽转身。但是更多的人却不断懊悔甚至恨不得自戳双目，因为他们费尽心力的结果只是拆东墙补西墙。

如果说工作经验丰富的老手选择跳槽仍要无比慎重的话，那么刚入职几年的职场菜鸟们选择是否跳槽以及跳槽去哪儿就真的是个技术活了。你既要做到抓住你身边的大好机会，又要确定自己不是因为浮躁冲动而轻举妄动。

对于我们来说，跳槽其实就是在"正确的时间"做"正确的事"。

—02—

千万不要把"正确的时间"想成是一个很难抓住的时机，其实，对于想要跳槽的你来说，所谓"正确的时间"不过是指下面这四种情况而已。

1.工作处于瓶颈期，内耗大于吸收

最近听到这样一个有趣的观点，"一个公司能给你最贵的是资源，最便宜的是钱"。其实每一份工作能够带给你的回报总是等于薪水加经验加资源，最好的情况是三者皆得。但是并非每一份工作都能带给我们这样的回报，比较可怕的一种情况就是经验和资源你都无法从工作中获得，如果是这样，即使你拿着不错的薪水，对个人而言，其实也是一种变相的消耗。

工作瓶颈期并非出现在你无法完成工作的时候，它往往出现在你可以完成工作却没有任何突破的阶段。当你发现自己在当前的工作中，不断地从自己的身体里掏出东西来贡献，却没有得到收获和成长，此时你就已经处在内耗大于吸收的情况了，超越自己，也许就是从及时止损做起。

2.天花板已定，无上升空间

天花板和上升空间基本上都属于外部客观条件的制约，这种情况基本分成两种可能。一种是你对公司内部的晋升渠道感到悲观，虽然职场新人属于过关打怪的最底层，但是基本的战略路线还是可以看见的。如果你在前几关就遇到了一个超级难打的怪，对方无论是在经验上还是年龄上都有着你难以动摇的优势，那么你的上升空间就很小了。

另一种可能就是公司本身的问题，如果你所在的公司只能做几百万的项目，而你已经对这些工作相对熟悉，想要尝试千万以上的项目，开阔自己眼界和思维，那么目前公司的大环境就会制约你的发展，毕竟公司的天花板决定了你的最高点。如果你进步很快，那么突破客观制约不过是自然而然的事。

3.行业前景不乐观

如果你在工作的过程中发现自己所处的行业出现了明显的衰落趋势，而这种情况正困扰着你，你可以跟同行业的人特别是站得更高，经验也更丰富的人聊聊天，他们作为你的调查样本，能够向你提供更多更全面的信息。

如果你所处的行业因为时代的变化即将被新兴产业取代，那么你未来的路势必会越走越窄，早日投身更合适的行业不失为审时度势的最佳选择。

4.在职场环境中水土不服

不得不说，纵使有职场法则三千条，也无法从根本上解决你个人特质所带来的"适应"问题。每个人的体质不同，适合的生活环境也不相同，如果来到一个不适应的地方，难免会出现水土不服的情况，职场中也是如此。你本身的性格和气场适不适合这个地方，可能只有你自己最清楚。

举一个最常见的例子，很多人会在一开始纠结于选择大公司还是小公司，他们考虑的因素之一就是职场环境。大公司接触到的人更多，但相应的，内部关系也会更加复杂；小公司接触的人比较单一，自然而然，职场关系就会相对单纯。但两者各有利弊，还是要看你本身的性格更适合哪一个。当你身处自己无法融入的环境之中，即使你再努力，也会有各种状况产生，有时候，拒绝不合适的才是正确选择的开始。

—03—

如果你目前正处在"正确的时间"里，并且想要有所改变，那么要如何行动才能做好"正确的事"呢？

1.切莫在情绪冲动时辞职

如果你真的要跳槽，那么你要遵守的首要底线就是千万不要在情绪冲动的时候离职。不管你是受了天大的委屈，还是忍耐了无数次的问题再一次出现，成为压垮骆驼的最后一根稻草，你要知道的是，即使你会因为"裸辞"那一瞬间的解脱而爽快，但这种不经思考的做法对你而言终归还是弊大于利。

人们一旦陷入某种情绪，也就丧失了对一件事客观评判的能力。比如你所在的公司状况不稳定，很多人相继离职，大家在一起聊天的时候，你会听到不少难以消化的负能量，如果此时你刚好遇到了某件郁闷的事情，冲动离职就会变得很有可能发生。不管在什么情况下，职场始终都是成年人的游戏范围，不要用孩子气的方式解决问题是职场中很重要的一个规则。

2.仔细思考你想要获取的东西

当你产生了"我想要跳槽"这样的念头，别人问起为什么，你会很轻易地说出到底是什么原因让你不满。恰恰是在这个时候，你一定要追问自己一句：在下一份工作中自己想要得到什么？跳槽这件事情，原因并不重要，真正重要的是你的目的。

我相信"我觉得我的上司或老板真的是糟糕透顶"可以作为你想要换工作的原因之一，但它绝不可能成为你的目的，因为并不会有人觉得"我希望在下一份工作中遇到一个很棒的上司或老板"是个很好的追求。与其花时间抱怨现在工作的十宗罪，倒不如深刻地拷问一下自己，究竟想要到哪去，怎么去。

3.客观评估跳槽的利与弊

很多人会在找新东家的过程中陷入一个巨大的陷阱，这个陷阱就是"别人的东西都是好的"。我们对于没有接触过的事物往往抱有更高的期望，因此也会不断放大新环境的优势，并且自发性地忽略掉它的不足。这就导致了你对新公司的认知里包含了自己幻想的部分，也就是说你所选择的只是你想选择的那部分，而非这家公司的整体。

　　有效规避这种问题的办法很简单，去搜集并感知新公司的整体信息，像是帮助自己的朋友一样客观地评估这家公司的利与弊，包括可能获得的成长与可能遭遇的问题，当你把这些情况一一列举出来，你才能真正思考自己是否仍然愿意尝试。人们常说期望越大，失望越大，在跳槽这件事上，你的期望千万不要是不切实际的幻想。

　　在很多时候，选择并无对错。跳槽对我们来说，不过是重新选择一次跑道，每条路上都有自己的阴晴雨雪，希望你能成为每次都能抓住彩虹的那个幸运儿。

职场贵人不是你遇不到，而是你抓不住

···

—01—

前些天和朋友见面，听她说了一件足以让人扼腕痛惜的事情。目前她正在发展自己的编剧工作室，希望能够挖掘和培养新人，她根据新人所擅长的题材将他们分到适合的项目中去，由相对成熟的编剧带领。

根据我所知道的行业情况而言，她不仅提供了相对优渥的报酬，还保证了编剧署名权，对于想要往编剧行业发展的新人来说，这样的条件可谓机遇难得。本以为被选中的新人会十分珍惜这样的机会，事情的结果却让我们大跌眼镜。

在剧本进入个人负责的分集阶段时，朋友发觉新人的状态过于浮躁，于是几次三番地提醒，但是在截稿时新人还是交出了三集几乎一个字都不能用的剧本。如果是能力的问题倒也可以接受，但就连每集剧本最前面应该标注的日戏还是夜戏，出场了哪些人物都没有写清，着实让我的朋友感到崩溃。

最终那个新人因为态度问题被解约，他的位置也由其他想要争取这个机会的新人顶替。也许他到现在都不知道自己究竟做了一件怎样的事情：他不仅浪费了一个机会，更重要的是，他错过了一个能够带他走向更高职业起点的贵人。

—02—

很多人都说，职场贵人和运气一样，可遇而不可求，事实上，对于大多数人而言，职场贵人不是你遇不到，而是你抓不住。

和这个新人形成鲜明对比的是我的另一个同学，这个姑娘刚毕业时在一家公司做签约编剧，工作时勤勤恳恳、踏踏实实，尽管那家公司问题很多，但是她却一直努力工作，把自己负责的剧本保质保量地完成好，给合作过的很多人都留下了很好的印象。

不久之后那家公司决定放弃影视方面的发展，同学正在焦虑自己未来的路该怎么走的时候，她接到了一位曾经合作过的著名编剧老师的邀请，希望她能够到自己手下负责正在创作的电视剧。如今，那部戏在她的参与下已经完成了拍摄，她也赚取了自己编剧生涯的第一桶金。

很多电视剧和综艺节目播出以后，网友们都会刷出"世界欠我一个×××"的话题，虽然说这只是一种调侃的玩笑话，但是现实中却是，只有你先变成更好的样子，那些优秀的人才会被自己吸引过来。

要知道，职场贵人并不是在你身陷水深火热之中，从天而降帮你解决掉一切困难的人，而是随时随地出现在你的身边，看到身处平凡境地中的你身上的闪光点，决意为你提供一个更好机会的人。

—03—

每天我们都会在工作、生活中和很多人发生交集，那么谁才是我们的职场贵人呢？

1.为你提供机遇的人

努力会给你的职场带来量变，而机遇则会给你的职场带来质变。能够为你提供机遇的人，往往和你有过接触，发现了你身上的潜质，从而愿意利用手上的资源将你带入某个全新的领域或环境，这个领域可能会激发你的无限潜能。

几年前，我的一个表姐在家乡小城市里从事着翻译工作，薪资平平状态稳定，几乎没有什么发展前景。一个项目中结识的外国客户在合作结束时建议她去更适合发展的上海，并向她抛出了橄榄枝，表姐思考后下定了决心，现如今已经在上海如鱼得水、安居乐业了。如果没有当初那位外国客户提供的机会，她的人生将会大不相同。

不管是全新的城市，还是全新的领域，又或者是全新的交际圈子，能够利用自己的渠道将你带入其中，使你获得一种全新的生活状态的人，毋庸置疑，那个人就是你的职场贵人。

2.为你提供帮助的人

要知道在这个世界上除了家人和朋友，并不是所有人都愿意对困境中的你伸出援手。特别是在残酷的职场中，那些愿意无条件给你支持和帮助，解决了你的困难，让你少走了弯路的人，他们分明就是你的职场贵人。

帮助不仅仅是指给你解决目前的困难，也包括让你快速地提升自己。很多人会抱怨自己的上司总是找自己的麻烦，总是严格地对待自己，总让自己做更多的工作，换个角度去想，也许正是因为他们对你寄予厚望，才会希望你得到更多的锻炼，变得更强。

这些要求对你来说，虽然可能会令你多做多错，但你也会在错误中学到更多。

这些帮助你的贵人，有的江湖救急让你免于一难，有的将多年经验传授于你，还有的苦心栽培助你成长，他们都是你日后回看时人生路上不可或缺的一个个坐标。

—04—

很多人觉得自己的贵人远在天边，常常苦恼于如何才能接触到他们，但事实上，真正的贵人往往就在你的眼前，为什么你无法抓住他们呢？

1.职业能力的欠缺

拥有职业能力是职场用人的首要诉求，无论你其他的方面有多出色，本职工作能力欠缺绝对是一个巨大的短板。在自己的工作领域没有能力更好地完成工作，相信不只是贵人无法提携你，就是你自己的老板都没办法给你更好的机会。

还有人喜欢不停地出入社交场所，看似跟很多人都能热络地聊天，俨然一个"社交精"，但机会真正到来的时候却还是无法轮到他们。道理都是相同的，你的能力才是你走到哪里都可以拿出来的资本。

2.职业态度的欠缺

职业能力决定了你能不能做好工作，职业态度则决定了你能走多远。你对待工作的态度，决定了这份工作回报给你的结果。很多身居高位的人都相信这样一个道理：能力可以提升，但态度决定一切。一个人不走心地机械化重复，应付差事般地完成事情，如果你是贵人，你也不会相信这样的人能做好一份工作吧。

此外，职业态度也包含了你的个人素养，很多人都"吐槽"过没有礼貌的行为，这些行为不仅非常容易造成误会，也会让合作伙伴心生不快。谦逊有礼、踏实努力的人，不管到哪里都会受到欢迎。

吸引力法则告诉我们，物以类聚，人以群分。只有当你足够优秀的时候，那些优秀的人才会因你而来；在你还有很多不足的时候，即使贵人在你身边，他们也会选择"在线对你隐身"。不必再抱怨为何自己的贵人还不降临，你要做的只是变成更好的你，然后等待他们为你转身。

现在的免费是为了以后越来越值钱

....

刚刚毕业的时候，我们都想找一份薪资高的工作，然而，你会发现，薪资往往和工作经验正相关，对于一个没有工作经验的人来说，找到一份高薪资工作的可能性真的是微乎其微。

朋友找工作去应聘HR（人力资源经理），面试的时候谈及薪资期望，她盘算了一下所在城市的生活费、自己的消费水平，说了6000元。面试官似乎有点吃惊："你觉得自己凭什么能拿到6000元的薪资？"

她楞了一下说："因为上海的消费水平很高啊，随便吃吃喝喝，一个月也要2000多元，更何况还要租房、买衣服……6000元算是刚刚能够生活吧。"

结果当然可想而知，她没有得到这份工作。她想的是，6000元是她能够在上海生活的最基本薪资，然而面试官考虑的是，这份职位的平均薪资是多少钱，面试的人又值多少钱。

拍卖的时候往往有一个起拍价，我们谈薪资和拍卖一样，也可以一次次叫价，如果一开始就提出太高的起拍价，往往会使竞拍者望而却步。

有的时候，**前期的免费或低价，是帮助你赢得机会的重要手段，尤其是在你的实力、竞争力还无法脱颖而出的时候**。免费不是不值钱，我们要学会用免费体验的模式把自己营销出去，现在的免费只是为了以后越来越昂贵。

什么是免费体验？

免费体验是一种全新的营销模式，是让顾客通过对产品进行一段长期或者短期的免费体验之后，对产品的性能和效果表示认可，并主动表达消费意向，商家再出售产品。

免费体验模式无处不在。

苹果体验店里有免费试玩的新款手机，学习网上有关于日语、韩语的免费试听课，商家都是用免费体验的模式来吸引潜在的消费者。

觉得苹果新款手机挺好看，但还是有点犹豫，不知道新增的功能是否好用，体验之后发现除了外观"高大上"，还有很多好玩的功能，便不再犹豫，开始买买买。

想学日语，又担心自己没有语言天赋，也不知道老师讲得好不好，听了一节课之后，发现原来自己也能跟得上，干脆现在就报名吧……

免费体验除了可以应用在商业上，也可以应用于建立人脉。先帮别人的忙，为对方介绍工作，介绍合作机会，这些做法都是让别人免费体验自己的能力，展现自己的水平，如果对方认可了你的能力，那你就会被列为值得交往的对象。

工作中为什么要建立免费体验模式？

1.证明价值再提出要求

证明价值再提出要求，而不是提出要求再证明价值。

逛超市的时候，我们经常看到促销员拿着纸杯装着酸奶，给路过的人品尝。品尝之后如果觉得口感、味道还不错，很多人都会顺便买上几杯。

人和超市里的酸奶一样，如果你是一个不知名品牌的酸奶，却标着比其他品牌酸奶高一倍的价格，那么很少会有人购买。当你拿出一部分产品给感兴趣的人免费品尝，人们就会对你的价值形成判断，如果物有所值，即便贵一点也会有人购买。

我们在找工作提薪资要求时的一个错误逻辑就是，先提出较高的薪资，再证明自己的价值。企业在寻找雇员的时候，和人们在超市购买酸奶时是一样的，公司会权衡一个人值不值这个价，性价比高不高，而工作能力的高低是无法通过面试完全体现出来的。

一个企业绝不会做赔本的买卖，企业存在的目的也不是让自己的员工变得富裕。只有当你创造的价值大于企业为你支付的人力成本时，你才有存在的意义。

正确的逻辑应该是，先证明价值，再提出要求。当你运用免费体验的模式，提出较低的薪资时，就会提升你拿到录取通知的概率。一旦你在工作中证明了自己的能力，让公司发现了你的真正价值，再提出升职加薪，公司会更容易接受，你的要求也更容易得到满足。

2.压低期望值，提高满意度

免费使得满意度递增，昂贵导致满意度递减。

想象一下，当你花了1000多元买了一件T恤，回家后你很可能会陷入后悔懊恼的情绪中。1000多元并不少，一件T恤1000多元，是不是面料材质更好，对于体型身材的修饰效果更好？如果并没有达到特别的效果，懊悔就会渐渐蔓延。

相反，如果你花了几十块钱买了一条裙子，本来只打算穿一个季度就扔掉，没想到穿上后很显身材，看起来也很高档，那简直就是意外之喜！

期待值和满意度往往成反比。和购物一样，一旦你提出了很高的薪资，公司对你的期望值就会更高。除了做好分内的事，公司会希望你创造更多的价值。

当你以应届毕业生的身份提出合适的薪资时，公司也会考虑到你刚刚毕业，缺乏工作经验，做到60分就算合格。如果你学习能力强，工作很快就能上手，达到了70分，公司对你的满意度就会大大提高。

学会"留一手"，不必把自己的大招全部放出来，给自己留一张底牌，给别人留一些惊喜。

3.延迟满足，让自己变得"昂贵"

短视的人看重眼前利益，目光远大的人重视长远利益。

在这个浮躁的社会，大多数人都活得很"功利"，在生活、工作中追求即时回报，肚子饿了，就要马上吃东西，觉得累了，就需要马上休息。

然而很多重要的事并不能够得到即时回报。减肥，这是一个需要长时间的锻炼和饮食控制的过程，一天不吃饭并不能瘦下来。学会一门语言，也不是一两天就能熟练掌握的，它需要长时间的积累。当一个人每天花费时间、精力投入在一件事情上，却无法马上看到效果，就容易产生放弃的想法。

工作也是一件无法得到即时回报的事。

在面对薪资高、平台却不怎么好和薪资不高、平台却很好的工作的时候，很多人选择了前者。而这恰恰是一种短视的思维，你仅仅为了眼前较高的薪资就放弃更好的平台和更多的成长机会，以至于工作两三年，别人的工资早已翻倍，你的薪资还是原样，除了大了两三岁，工作能力并没有什么长进。

有时候，现在的"免费"也是为了能够积累更多的经验，为以后的"昂贵"做准备。

职场上的"吃亏""赔本"只是一种投入，你不肯免费，也注定无法昂贵。

有时候，"坚持到底"并不会使你的人生变得更好

生活中总是有人告诉你要坚持，好像所有的事情只要坚持到底最后一定会变好，而你现在之所以还没有变好只是因为没有坚持到底。

可是，坚持到底真的会让你的人生变得更好吗？就在国庆的前一天，我结束了毕业以后的第一份正式工作，在我把离职说出口的一刹那，心里突然觉得特别轻松。很多人都会觉得，只不过做了短短几个月，还没掌握这份工作的核心技能便辞职未免太草率了吧。你说你对这份工作不满意？你以为辞职了，到了新的公司就会满意？你还是太年轻，以后就会知道，没有一份工作能够完全顺心。短短三个月的工作经历，你觉得会给HR（人力资源经理）留下什么印象？无法吃苦的"90后"，随心所欲的文艺青年，还是没有责任心的年轻人？辞职这件事，对于一个刚刚毕业不久

的人来说，确实是一件大事。所以我也问过比较亲近的朋友，征询过他们的看法。出乎意料的是，即便平时觉得颇有默契的朋友，也不太支持我辞职。总之，几乎所有的人都告诉我一个词语：坚持。对于坚持这件事情，我的确没有发言权，因为从小到大我确实没有坚持过什么事。落荒而逃的事情有很多，知难而退的念头也不少。偶尔会为一些事情没有坚持到底而后悔：没有坚持学日语，考证拿个N2，虽然拿到证书也未见得有什么用处；没有坚持学摄影，学会了说不定现在还能赚点外快；没有坚持学跳舞，据我妈说是因为小时候交通不方便，不过如今腿比较直好像是小时候学跳舞的关系。以前看到过一句"鸡汤"，大致的意思是，你现在觉得很累很疲倦，想要放弃，那是因为你现在正在谷底，但是只要咬一咬牙，事情就会慢慢变好，因为对于谷底的人来说，接下去的每一步都是上升。似乎所有的事情，只要坚持到底就会变好。你坚持到现在还没有变好是因为你坚持得还不够久。很长一段时间里，我几乎相信了这句话。可是有的时候，"坚持到底"并没有使事情变好，除了人们给坚持强制赋予的意义外，坚持其实一无所用。

1.你口中的坚持只是忍耐

很多人都分不清坚持和忍耐的区别。坚持是你有一个清晰的目标并为了实现这个目标而努力，而忍耐则是你知道这么下去一切都不会改变但还是任由事情继续发展。如果你知道这份工作做了一年后，你会学到什么，你的薪资能涨多少，或者你能够获得什么资源，那坚持就是有意义的。如果你明明知道在这个地方，学不到任何东西，薪资即便你做满一年也不会涨，待得越久越没有竞争力，这种不叫坚持，你只是在忍耐。人是很奇怪的生物。在一段关系中，或者在一份工作中，明明知道不够好，明明知道自己有更好的选择，明明知道即便坚持下去也不会有什么改变，却还是无法果断地抽身离去。离开吧，好像也没有不好到需要离开的程度，于是就这么耗下去。直到某一天因为外界的原因，也许是发现了男朋友手机里暧昧的短信，也许是工作了两年老板依然拒绝涨薪还无缘无故增加了工作量……你终于没办法忍耐了，才选择放弃离开。

2.你口中的坚持只是迷恋沉没成本

经济学上有个词语叫作沉没成本，指的是过去发生的与当前无关的成本。人们在决定是否去做一件事情的时候，不仅看这件事对自己有没有好处，也会看过去是不是已经在这件事情上有过投入。简而言之，就是"我对你的付出使你变得重要"。恋爱中，即便发现对方和自己三观不和，志趣相异，话不投机半句多，也依然眷念着这段关系，因为你在对方身上付出了大量的时间和精力，这些付出成为你无法离开对方的理由。工作也是一样的道理，你在公司待了一年多，一年中的大部分时间都花在了这份工作上，即便你不满意现在的工作，依然舍不得提出辞职。

3.你口中的坚持只是想要一直待在舒适区

喜欢熟悉的事物，恐惧、排斥陌生的事物是人的天性。公司楼下你吃惯了的正宗的酸辣粉，老板不在时凑在一起"八卦""吐槽"的同事，闭着眼睛都能够到达的路线……熟悉的事物能够给人带来安全感，即便熟悉之中也有不喜欢的事物，人们也愿意为这种熟悉的安全感做出适当的牺牲，例如放弃变得更好的机会。即便有更好的机会，或是薪资更高，或是平台更好，但你并不确定换个环境还能像现在一样适应。如果和新同事无法好好相处，如果需要天天加班，如果自己并没有能力胜任新的工作？你不愿为未知的事物牺牲现有的熟悉和安稳。

4.你口中的坚持只是不擅长

去应聘猎头顾问的职位时，面试我的人说："你为什么不去做文案？你明明很擅长写作，何不发挥你的特长？"我知道自己的短板，不善交际，而顾问恰恰是一份与人打交道的工作。我一直想方设法地弥补自己的短板，却始终觉得很吃力。即便后来做了客户执行，即便对工作渐渐上手，也依然觉得疲惫焦虑，无法获得成就感。而当我做着文字相关的工作时，不仅得心应手，而且能够从中证明自己的价值，获得某种源于内心的满足。或许我坚持做客户执行也会做得不错，然而当一件事情需要刻意坚持，也就意味着这件事情并非你所擅长。你需要花更多的时间和精力才能达到和别人一样的效果。我们应该选择发现自己的天赋，做自己擅长的事情，还是知道自己的短板后，刻意去弥补和改变？这依然是一个没有定解的答案。所以我辞职了，不再为坚持而坚持。最初因为担心自己是逃避困难，所以硬撑了最忙碌的两个月，当我发现最忙最累也不过如此的时候，终于可以转身离去，因为我已经知道，离开的原因并非是害怕困难。

有的时候，你口中的坚持到底或许只是不见黄河心不死，有的时候，别人口中的知难而退不过是及时止损。

那些别人口中的不学无术的爱好，真的只能让人不学无术吗？

好奇怪，我从小到大喜欢的东西，基本上都属于"不学无术"的类型。

看言情小说、看韩剧、逛淘宝，很难具体说出它们给我带来了哪些好处。可是每一个爱好都曾带给过我无上的欢喜和期盼。

1. 爱好 VS 正事

之所以被说成不学无术是因为打游戏、逛淘宝让你忽略了自己应该做的事，把这些爱好排在了"正事"的前面。譬如该做作业的时候打游戏，该工作的时候逛淘宝，你妈或者你上司当然会看不顺眼，如果你已经把自己应该完成的任务做好了，别人即便再看不惯，也无法说什么。

2. 输入 VS 输出

弹钢琴虽然花钱花时间，但是能够弹出一首动听的曲子，别人也会觉得付出了有收获就是好的。判断不学无术的爱好的一个重要要素就是消耗了时间和精力在上面，却没有什么输出（或者输出抵不上付出）。

3. 半吊子 VS 专业

一个专业影评人每天什么都不做就呆在家里看电影，也不会有人说他不学无术；打游戏能够参加世界级比赛，还能获得百万奖金，同样不会有人反对他打游戏；追星时不仅学会了视频剪辑，还学会了说韩语，你的父母肯定不会排斥追星。你的爱好之所以会被人说三道四，是因为你没有把自己的爱好发展到极致，你的爱好没有变成你穿透这个世界的利器。

一个爱好是否有价值，不仅仅取决于这个爱好是什么，更取决于你自身是否有价值。

如果你成绩不好，你妈可以说"你成天看小说打游戏当然成绩不好"。如果你很努力，很用功，没有不良嗜好，但是成绩依然糟糕，你妈就找不到客观理由了。所谓的不学无术，不过是找一个借口来掩盖你平庸的事实。